僕の街に「道路怪獣」が来た

現代の道路戦争

山本俊明 著

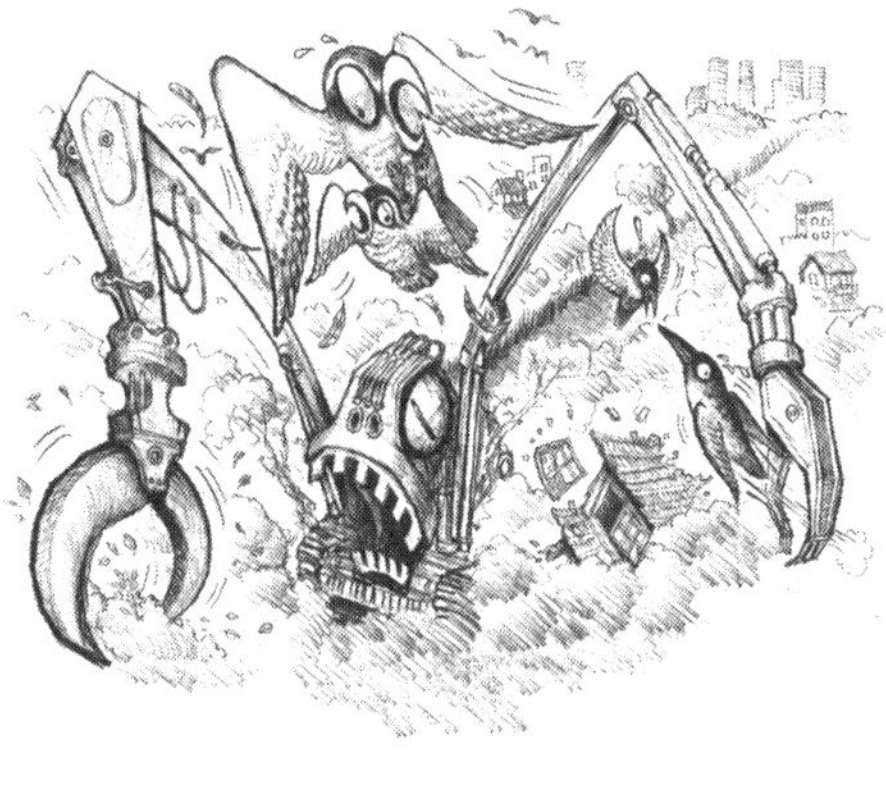

緑風出版

新しき葡萄酒をふるき革嚢《かわぶくろ》に入るることは為《せ》じ。もし然せば、嚢はりさけ、酒ほとばしり出てて、嚢もまた廃《すた》らん。新しき葡萄酒は新しき革嚢にいれ、かくて両《ふた》つながら保つなり。

マタイ傳福音書　第9章1・17

目次

僕の街に「道路怪獣」が来た

＝現代の道路戦争＝

はじめに　9

第1部　現状分析編　17

序　章　僕の街に「道路怪獣」が来た　18

はじめに

私たちは毎日、徒歩やジョギングで、あるいは自転車や自動車で道路を利用している。利用しない日がないといっても過言ではなく、大半の人々は道路とは何かということを意識することさえないだろう。

筆者も同様で、漫然と道路を利用してきた。だが、数年前、生活する地元で道路をめぐる紛争に遭遇し、思いがけず「道路というもの」を客観的に取材することになった。

結論からいうと、日本国民は都市計画の骨格を担う道路づくりでは「主権者」としての扱いを全く受けておらず、江戸時代の「下々」の身分のままというまさかの現実にぶち当たった。

1 「荒れる説明会」

まず、道路がどのように作られているのかについてひとつのエピソードから始めよう。

二〇一六年七月二十五日、東京都荒川区西日暮里で、東京都は「荒川補助九二号線」道路の住民説明会を開催した。真夏の蒸し暑い夜、会場となった第一日暮里小学校の会議室は一〇〇人ほどの住民らで満員となり、立ち見も出るほどだった。

司会役の都建設局道路建設部の職員が「最初に説明会の趣旨を……」と言いかけた途端、多数の参加者の抗議と怒号が飛び交い、会場は緊迫した雰囲気に包まれた。

「私はね、税金を払っている。皆さん（注：都職員）はね、その税金で生活して事業（道路建設）をしている。そうするとね、私達は施主様で、あなた方は下請けになるんじゃないですか。なぜ私たち（施主）が出した（この道路がなぜ必要なのかなどの）宿題に答えないで話を進めようとするんですか」と年配の男性が大声を張り上げた。

ずいぶん乱暴な集会だなと思われる方がいるかもしれない。ところが、ほとんどの道路説明会で繰り返される光景なのだ。世に言う「荒れる道路説明会」である。昔なら灰皿が飛んだこともあったのだそうだ。

「荒川九二号線」は東京都が進めようとする都市計画道路（都市計画法に基づき計画・建設される道路）計画だが、駅前の下町を分断することからその必要性について反対・疑問の声が多い。今や世界的に知られる観光名所となって、ウイークデイから賑わう「夕焼けだんだん」や谷中銀座商店街に隣接する道路計画なのである。長年、反対派住民と都がせめぎ合ってきたが、都は住民が問いかける計画の必要性についてまともに答えようとしてこなかった。男性らは、自分達、日本国憲法で規定された主権者（施主様）と下請けであるはずの「公務員」の立場が、逆立ちしていると怒っているのだ。

普段はとても穏やかな住民が怒っているもうひとつの理由は、七月二十五日という日だ。舛添要一知事が金銭スキャンダルなどで辞任したことで、「突然の都知事選挙」が三十一日に行われる直前というタイミングだった。都の最高責任者が未定にもかかわらず、部下である都建設局は都知事選直前に説明会を強行した。一週間後に当選した小池百合子知事はそんなことは知らなかったはずだ。知事が誰だろうと関係ないかのように、行政の敷いたレールの上で説明会が開かれた。

主宰した都職員には「行政（オカミ）の決めた計画だから、反対しても無駄ですよ。道路計画（＝都市計画）はわれわれ専門家が作るので、素人のあなた方住民が何を言おうが、結局道路はできてしまうんですよ」といわんばかりの尊大な態度が見て取れた。

トップ不在でもお構いなしに計画を進めようとする都と、説明会そのものの不成立を目指す反対派住民の攻防は二時間ほど続いた。これが現代日本で「道路」というものが作られる現場なのだ。

怒号の飛び交う説明会は、行政と地元民が、互いの立場の違いを超えて、「住民に愛される街をともに作り出そう」という気配がみじんも感じられない寒々とした光景だった。

荒川九二号線の紛争は決して例外ではない。都内では行政の高圧的ともいえる姿勢に「明治時代どころか、まるで江戸時代ではないか」と反発する声が上がり、「主権者」である住民が都下で多数の訴訟を起こす異常事態に陥っている。小池都知事になっても事態は変わらない。むしろ「都民が決める　都民が進める」という小池氏のスローガンと真逆の事態となっているのではないか。

2　古代ギリシャと公共事業

二十一世紀に入り、世界各地でポピュリズムに揺れる民主主義の在り方が注目されている。実は民主主義と公共事業は関係が深い。

時間を約二五〇〇年前に巻き戻す。民主主義の原点は、いうまでもなく古代ギリシャのポリス、なかでもアテネが有名だ。古代アテネでは、ペルシャ戦争が終結した紀元前四七九年からペロポネソス戦争の始まる前四三一年までが民主制が最も輝いた時代で、ペリクレスによる統治に代表される。

東京大学の橋場弦教授によれば、アクロポリス、パルテノン神殿などの荘厳かつ美しい建造物など巨大な公共事業について、その計画の決定と、計画の執行、会計報告などのプロセスに市民（成人男性だけという限界はあった）が関与していた（『民主主義の源流　古代アテネの実験』講談社学術文庫）。

ペリクレスは巨大公共事業が生み出す雇用、富の創出などの経済効果を認識していた（「ポリスはポリス自らによって養われる」という格言）、複数の市民が一年交代で建造監督官などを務め権限が特定人に集中しないように工夫した――ことなどが分かってきたという。

現代風に解釈すれば、アテネ市民は、ケインジアンのいう公共事業による経済波及効果を知り尽くしていたのであり、同時に役人（専門家）と業者（ゼネコンなど）の癒着など「官僚制特有の病理」を許さないために民主制の防護策を講じていたということになろうか。巨大な公共事業の持つ民主主義への影響を、市民が明確に認識していたのであろう。

3　お粗末な日本の参加民主主義

時計の針を現代日本に戻す。二〇一七年十月の突然の総選挙で、生まれたばかりの立憲民主党の枝野幸男代表が宮城県仙台市で行った第一声演説だ。

「一握りの人たちが自分のために権力をもてあそぶ、価値観を押しつける、それが政治か。森友・加計問題、権力の私物化。情報を隠し、ごまかし、開き直る。安全保障法制、特定秘密保護法、共謀罪、国民の大きな反対の声があってもろくな説明もせず、数を持っているから何をしてもいい（と押し通す）、これが本当の民主主義か。右とか左という時代じゃない。国民に言うことを聞かせる上からの政治を、草の根の国民の声に基づいた政治へ変えていこう」

いわゆる「草の根民主主義」の提唱だ。枝野演説で立憲民主党は、世論の風をつかみ、野党第一党に躍進した。申し訳ないが、自分たちの回りのどこに「草の根民主主義」があるのだろうかという疑問が沸いてくる。

大きな公共事業は、高度成長期に作家石川達三が小説「金環蝕」で、巨大ダム建設と政財官の利権構造を暴露したことで知られるように、保守の「構造汚職」の温床とされた。最近でも、福島原発事故以降、原子力ムラの「利権構図」、復興事業を装った兆単位の予算の分捕りが明らかとなっている。

「大きな政治」にはマスコミ、市民の目が行きやすいが、地味な「小さな政治」には関心が薄かった。市民が生活の現場で民主主義を体験・共有・継承する機会はほとんどない。ここに生活の場=足元が空虚という、「戦後民主主義の落とし穴」があったのではないか。もちろん「大きな政治物語」の重要性を否定するものではないのだが。

4　報じられない道路紛争

道路問題の教科書ともいうべき五十嵐敬喜・小川明雄著『道路をどうするか』(岩波新書)は、「長年にわたって各地で道路をめぐる問題が頻発してきたが、全国紙の東京版に載ることは少なく、全国的な問題にならないケースがほとんどだ。残念ながら、東京本社版に載らなければ、官僚や政治家たちは目をつぶるという習性がある」と苦言を呈している。

規模の小さな道路問題の報道にマスコミがこれまで十分に取材資源を投じてこなかったというのは否定できない。なぜなら、マスコミが道路公団の民営化など大きな劇場型のネタには飛びつくが、小さな道路問題などは「稼げるネタ」ではないと思い込んでいる構造的な要因があると思うからだ。権力の監視役としては、はなはだ心もとない。

個々の道路は事業費が数百億円程度なので、世間一般の関心をひかない。しかし、「道路」は日本全体では年間約一〇兆円規模という公共事業の「チャンピオン」だ。

身近な都市計画の骨格を決める「道路」は政治・経済・社会・都市の仕組みに深く関係しており、実は市民にとって民主主義の在り方に通じる問題だ。

市民が身近な道路問題に立ち向かうということは、日本社会で最大・最強の誰にも止められない「道路怪獣」（国や都道府県のテクノクラート・保革を問わない政治家や政党・ゼネコン・学者、そして司法で構成される総体）に出会うことだ。残念ながら、市民が「道路怪獣」を止める法的手段はほとんど無い。

また巨大な公共事業や道路建設という「カンフル剤」をこのまま打ち続けて、日本の財政は本当に大丈夫なのかという国民の懸念は高まっている（「現代貨幣理論（ＭＭＴ）」など経済理論的には財政危機は差し迫っているわけではないが、まだ実証されていない）。

この本は、現代日本の道路紛争という〝病理現象〟を、東京都を中心に見た中間報告であり、同時に、「都民が決める　都民が進める」というキャッチフレーズを売り物にした小池都政への根源的な批判の書でもある。

5　本書のスタイル

道路問題は一般読者になじみのない堅いテーマと思われるので、とっつきやすくするため本書では、東京都の真ん中にある小金井市で起こっている騒動などをめぐり、架空の家族を設定。小学四年生の不思議な体験がきっかけとなり、新聞記者の父親が「市民目線」で道路問題を多角的に調べ、自分の家族に報告、皆で道路と民主主義への理解を深めるという一風変わったスタイルを取った。

第1部は、東京を中心とする道路問題の現状、法的な問題点などを多角的に報告（現状分析編）。第2部は、混とんとした現状を照射するため、今から五十年前の女性達による「市民革命」の歴史を掘り起こした（歴史・規範編）。

第3部では、公共政策の在り方をめぐる思想や政策などを中心に考察した（思想・政策編）。

なお本書では、「住民」と「市民」という言葉を使い分けている。近代における直接民主制の提唱者、J・J・ルソーは、都会に暮らす人間が市民なのではない、都会に暮らしても単なる「住民」にすぎず、都市国家（シテ）の主権（公共）に関与するとき初めて「（政治的）市民」と呼ぶことができる、としている（『社会契約論』岩波文庫）。ルソーの純粋共和思想に必ずしも共鳴するわけではないが、この定義には理由があると考え、採用する。

第1部　現状分析編

序　章　僕の街に「道路怪獣」が来た

僕の名前は神谷創太《かみやそうた》。東京都小金井市の小学四年生だ。東京都の真ん中にある小金井市は、武蔵野の森が残り、大きな公園が多い。「小金井桜」も有名だ。僕の両親は自分たちが子供の時のように、泥んこ遊びや小鮒やカエルと遊べるような「野川《のがわ》」という小川があり、緑の多い自然があるところで子育てがしたいと、小金井市に引っ越してきた。

お父さん（義友）は元ニューヨーク特派員の新聞記者、お母さん（恵）は主婦、姉（望）は帰国子女の中学二年生という典型的な四人家族。小金井言葉でいう「来たり人（新参者）」ファミリーだ。

第1節　ハケ仙人との出会い

昼から、僕と家族は知り合いの人たちと、都立武蔵野公園の桜の下でお花見をしている。僕はというと、野川で友達と小魚取りをしたり、公園を走り回ったりしてからお花見の場所に戻ってきた。お弁当を食べ、お母さんの膝で寝そべっていると大人たちの話し声が聞こえてきた。

父　東京都はこの公園のど真ん中に幅一八メートルの道路を通すつもりだ。

知人A　まさか、小金井市民だけでなく都民の憩いの場だし、東京都が野川周辺の環境回復に何年も前から乗り出しているじゃないか。高度成長期に住宅が増えて生活排水で野川が汚れたけど、地元の人たちが力を出し合ってここまで再生させたらしいよ。東京都も協力してね。そこに道路なんてありえない。

父　そのまさかなんだよ。東京都は二〇一六年三月末に出した「第四次事業化計画」で、ここに都市計画道路を二本通すことを決めた。

知人B　子供達の遊びの場所だし、お祭りの場でもある。公園には家族づれでバーベキューを楽しむサイトもあるし、何でまたそこに道路を？

父　近隣市と結ぶ道や、防災上の必要性とかいろいろ理屈をつけているね。

知人A　でも日本は人口が減少するし、第一、多くの若者は非正規労働とかに就くと所得が低くて自動車が買えない、持てない、ましてカーシェアリングとかの時代だよ。過去三十年、新自由主義に毒された政財官が中間層を痛めつけすぎたツケじゃないか。将来を不安視する若者の自動車所有はこれから減っていくんじゃないの。さらに自動車はＡＩ（人工知能）による自動運転など「百年に一度」の大変革期に入っている。「スマートシティ社会」になれば交通渋滞は八〇％軽減するとみられているよ。新たに道路を作る必要性は減っていくのでは。それなのに折角残っている自然環境を壊すなんて、税金の無駄使いじゃない。

父　記者経験からいうと、日本のお役所は都市計画を独占していて、本音は住民の意見なんか聞く必要はないと考えている。もともとの計画だって昭和三十七年に決まったらしいから、今から五十年以上前なんだけどね。

母　五十年以上前の計画って、ほとんどおじいさんやおばあさんの時代の計画じゃない。どんな経緯なのか誰も知らないよね。おかしいよ、日本のお役所仕事って。

創太（のつぶやき）

〈武蔵野公園の真ん中に大きな道路が出来て、僕たちの遊ぶ場所がなくなるのかな。メダカやカエル、アオゲラ（きつつき）たちも住めなくなるのかな〉（そんなの嫌だなと思いながら、僕は眠ってしまった）。

創太（夢の中で「離人体験」。魂が身体を離れる）

あれ、体が宙に浮き、空を飛んでいる。ああ、下ではみんながお花見をしているのがみえるよ。僕も寝ているな。まるでドローンの映像みたい。あー風が吹いて、気持ちがいい。

「どこの子じゃ」

びっくりしてみると、ぴかぴか光る服を着た白髪で白いひげのおじいさんが横を飛んでいる。

「僕は創太。おじいさんはだれ」

「わしはハケ仙人じゃ」

道路計画地から見たハケの心臓部

「ハケ仙人って？」
「ホ、ホ、ホ。わしか。わしはずーと昔、三万年以上前からハケと森を守っている霊じゃ。
ハケというのはな、アイヌの言葉で、パケともいい、ほらオデコ（額）の様に『切り立ったところ』という意味じゃ（注：「地名の研究」柳田国男）。武蔵野台地が古多摩川に削られて残った崖がつまりハケじゃ。ほれ見てみろ、削れて残ったところが浅間山《せんげんやま》で、わしの住処《すみか》じゃ。ハケはな、国分寺から世田谷の等々力《とどろき》渓谷、田園調布まで帯のように続く崖じゃ。武蔵野の大地から地下水が豊かに湧き出てな、生き物の命やお前たちの先祖を育んできた。そうじゃな黄金井《こがねい》の辺りは最近まで水田もあった。冬の朝のハケには霧が立ち込め、その上に富士山が浮かんで見えたんじゃ」
僕とおじいさんはハケの上に降り立った。おじいさんの杖に鋭い眼をした大きな翼の金色の

武蔵野公園。木々の生えている左の斜面がハケ＝国分寺崖線。右に野川。右上の奥方向に道路が計画されている。右上の写真はオオタカ。

鳥が止まった。

「この鳥は」

「これは、オオタカの精霊で、わしの友じゃ」

「名前は」

「ランポロ。アイヌの言葉では心（ｒａｍ＝ラム）広き（ｐｏｒｏ＝ポロ）もの、という。お前たちの世界では、聡明とかいうらしいな」

ゲェアー。ランポロが僕を警戒したのか鋭く鳴いた。

「よしよし、創太は心の汚れていない子じゃ、わしたち霊のことがみえるんじゃ、ランポロ、この子は大丈夫じゃ、安心しろ。創太、ランポロは森の生き物の上に立つ王者じゃ。空から皆を守っているのじゃ。ずいぶん人間にいじめられてきたでな、警戒しておる」

「そうなんだ。僕は動植物の多いハケが大好きだけど、さっきパパが大きな自動車道路ができるって話していたよ」

「なんじゃと。ハケに大きな自動車道路とな。最近、動物たちや草木たちの元気がないのはそのせいなのか。ここは太古から武蔵野の命を育むところ。人も動物たちも植物もみなここで元気になる武蔵野の『命の心臓部』じゃ。それを傷つける道路を通すとは。人間は罪深い生き物じゃな」

おじいさんは難しい顔をした。

「創太。お前は優しい子のようじゃな。ひとつ『道路怪獣』と闘って、オオタカや森の生き物たちを守ってやってくれんか」

そういうとおじいさんが僕の頭に両手を置いて、何かおまじないのような言葉を唱えた。おじいさんの体が急に激しく光り、天に昇り、僕も光に包まれ気が遠くなってしまった。

〈ママが創太を揺さぶる〉

「創太。もう帰るわよ、起きて」

ママが僕の体を揺さぶっていた。

〈夢だったのかな。ハケ仙人っていってたけど。不思議なおじいさんだな。ハケってアイヌの人たちの言葉だったんだ。家に帰ってからさっそく僕は、パパに「道路ってどんなものなのか」聞くことにした〉

第2節　矛盾だらけの道路

〈神谷家のリビング〉
創太　パパ、さっき話していた道路ってどんなものなの。
父　パパの先輩で小学校のサッカークラブの会長さんが「大変なことになった。ハケが壊される」と言って知らせてくれたんだ。それで調べてみた。

創太　いつできるの？

父　まだできると決まったわけじゃない。東京都が道路づくりのための「第四次事業化計画」を立てて、この十年で優先的に作りたい路線を決めたんだ。

創太　じゃ、作らないこともあるの？

父　それは難しい気がする。日本の役所というのは一旦決めたことは、途中ではなかなかやめられない体質なんだ。特に道路は都市の形を決める。都市計画の中でも最も重要なんだ。動き出すと誰も止められない。

創太　それじゃ、まるで「道路怪獣」だね。〈ハケ仙人が言ってたのはそういうことか〉

父　道路怪獣？

創太　いや何でもないよ。

望　どんな道路なの。秋には、武蔵野公園で市民マラソンがあって、私もでるのよ。どんな道路ができるのか説明してよ。

父　これが地図だよ。小金井市中央部を走る連雀通りから東西に新小金井街道に至る約二キロ（「3・4・1号線」、幅一六メートル）と、連雀通りから南北に東八（東京・八王子）道路に抜ける約八三〇メートル（「3・4・11号線」、幅一八メートル）の二本だ」（次頁地図）。

創太　3・4・1って、数字にどんな意味があるの。

父　最初の3は道路の区分。道路にも高速道路とか、国道とか、都道府県道とか、自動車専用

武蔵野公園を分断する小金井の道路計画

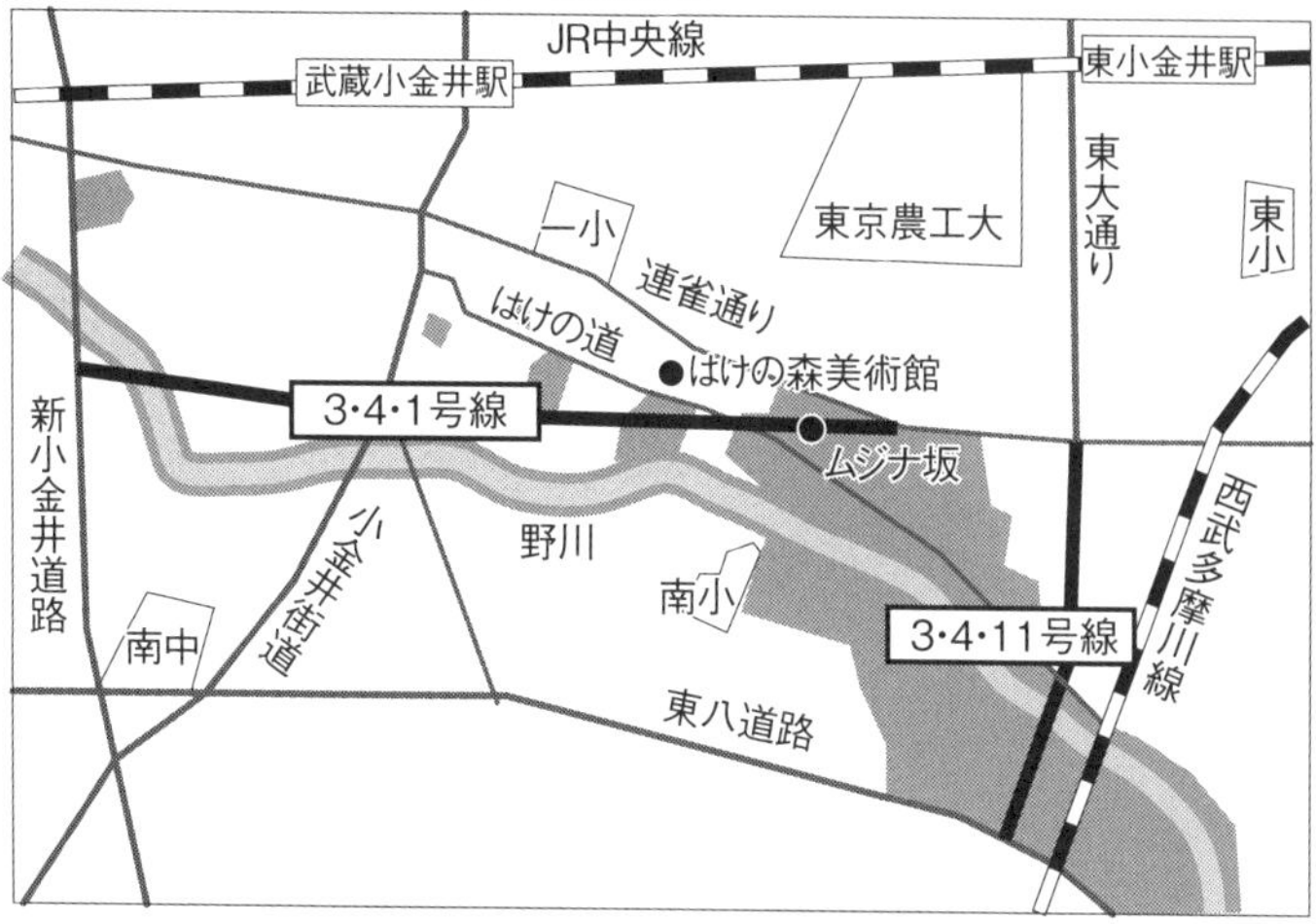

道路とか幹線街路とかいろんな種類がある。3は幹線街路という意味。重要な路線ということかな。真ん中の4は道路の規模を示すんだ。4だと幅員（道路の幅）が一六メートル以上二二メートル未満のものだね。最後の1とか、11は道路の整理番号みたいなものかな。

望　ワー。二本の道路でハケを切っちゃうわけね。3・4・11号はマラソンコースも縦に切っちゃうよ。三鷹市にある野川公園と接しているすぐ近くじゃない。ここにはメダカ池とかビオトープもあるし、道路が出来たら大変。それに3・4・1号って、ここは確か有名な作家が住んでいたって国語の先生に聞いたけど。

父　よく知っているね。戦後、作家の大岡昇平（一九〇九〜八八年、「野火」「事件」など）が軍隊から復員して一年あまり、ムジナ坂にある知人で作家の富永次郎の家に寄宿していたんだ。大岡は次郎の兄で天才的詩人、太郎と親友だった。大岡の代表的小説のひとつ「武蔵野夫人」の構想をここで練ったんだ。今も次郎さんの息子で六本木の俳優座劇場の支配人だった富永一矢さんが住んでおられる。

一矢さんに話をきいたところ、「祖父（鉄道省ＯＢ）が建てた当時の家屋はもうないのですが、『武蔵野夫人』の主人公の道子は、次郎の姉、つまり伯母（東京帝国大学教授夫人）をモデルにしたと言われています。当時私は小学生でした。木々でうっそうとしたハケの眼下に多摩川に向けた平野が広がり、遠くには富士山が見えました。大岡はハケの道を歩きながら構想を練ったと聞いています」と教えてくださったんだ。

望　そうよね。ハケの小径《こみち》は文学的な香りがするなと思っていたの。散策する人が多いし、ここに自動車用の道路はないでしょ。私みたいな文学少女にはショックね。

創太　どこが文学少女？　本棚は漫画ばっかりなのに。

望　漫画はもう卒業したわよ。

父　問題だと思うのは、３・４・１号線には既に沢山の住宅が建ってしまっているんだ。二、三年前に家を立てたばかりの人も居るらしいよ。不動産屋からは「道路計画はあるけどもう五十年前の計画でできはしない」と説明されたという人もいるよ。さらに問題なのは、３・４・１号線は不完全な道路なんだ。

創太　不完全ってどういうこと。

父　それはね、お隣の国分寺市の方で、奈良時代の武蔵国分寺跡という重要な史跡が見つかり、東京都によって道路計画が見直され、廃止を検討されることになったためなんだ。つまり重要な史跡が見つかったのでそこには道路を通すことが難しくなったということなんだ。だから連雀通りからバイパス的に3・4・1号を作っても国分寺まで連結できず、新小金井街道までしか伸ばせない。無理して作る必要性は小さくなったともいえるかな。

望　それじゃ自然豊かなハケと、住宅を壊してまで効果の小さな道路なんて要らないんじゃないの。

父　合理的に考えればね。

創太　もう一本の道路は？

父　3・4・11号線だね。こちらの問題は、ハケの上は住宅密集地（立退き対象は約八〇軒）、ハケとその下は自然環境を抱える複合的な問題のある場所なんだ。都には道路とか公園を建設・管理する建設局というお役所がある。その建設局が管理する都立武蔵野公園の野川第一・第二調整池は、野川流域で絶滅のおそれのある植物イトモ、ミクリのほか、ダイサギやカワセミなどの野生鳥類、ホトケドジョウやメダカなどの魚類が生息する場所なんだ。このため、自然再生推進法に基づき都が中心となって協議会を設置、「ビオトープ（生物生息空間）・ネットワーク上の重要な地区に位置している」として入念な計画を立案して自然再生事業に乗り出してきた。計画は、この東端に一八メートルもある都道を通すことになるんだ。

創太　オオタカもいるんでしょ！

父　いるとも。この辺は東京でも鷹の聖地だよ。お隣の三鷹市は、徳川将軍家の鷹狩の場で有名だ。オオタカは大きな羽を広げて雄大に飛ぶ日本でも最も大型の鳥類の一つだ。一時個体数が激減したらしく準絶滅危惧種になったが、保護で最近ようやく数が増えてきたところなんだけどね。

創太　それじゃ困るよ。〈ランポロたちがかわいそうだ〉

父　ハケに詳しい財団法人「自然環境研究センター」の江頭輝客員上級研究員は、「対象となっている地帯は、ハケと、湧水が作る湿地帯、野川がそろった『三位一体』の、国分寺崖線《がいせん》でもここにしか残っていない〝聖地〟で、一度壊したら元には戻らない」と問題性を指摘している。野鳥たちはハケに沿って移動しており、ここが武蔵野の生態系の「中枢」とみているんだ。確かに自動車が通ると便利になるけど、五十年前はいざ知らず、貴重な環境は壊すと元に戻せない、それ自体価値があるというのが最近の考え方だね。都は自ら保全対象にしている場所で、大きな道路を作って環境を壊そうとしているんだ。

望　この前、古典の授業で習ったけど、こういうのって「矛盾」っていうんだっけ。環境保護をやりながら、道路で環境を壊す政策ね。税金の無駄使いのようにも思えるけど。

父　総額二〇〇億円くらいの事業費かな。道路事業は南側の府中市側では既に始まっているし、小金井市でも北側の連雀通りまでは進んでいる。でも北には小金井公園があるので延伸はできない。もともと道路としては延伸できない問題がある。残りが3・4・11号のこの部分（八五〇メートル）というわけなのさ。道路問題の重鎮、標博重《しめぎ》さんによると、「都市計画道路は一気に住民に説明するのではなく、一～二キロの区画で徐々に進めていくので、何も

道路計画地付近。子供が採ったオタマジャクシ、９月初め。都が保護しているビオトープで武蔵野の原風景の一コマ

知らされてこなかった現在の住民には突然に計画が降りかかる形になる」。つまりセグメント（区分け）にして長い時間をかけて工事をするので、住民には全体として、道路が必要なのかどうか、予想交通量がどうなるのか、騒音や空気の汚れがどの程度になるのかが、分かりにくい。セグメントにしてわざと分かりにくくして事業を進めてきたという疑いもある。住民には最後の段階で発表され、自分たちの住宅や自然環境が計画対象だったことに気づき慌てるというケースがほとんどだね。小金井市でもほとんどの住民に計画が知らされたのは二〇一六年一月初めの市報が最初だったんだ。

創太　折角、皆や都が守ってきた公園で、ハケの最後の〝聖地〟なのにね。〈ハケ仙人が聞いたら悲しむだろうな〉

父　小金井とその周辺に大きな公園が幾つもあるのは、戦前からの都市計画でグリーンベルト（緑地帯）として考えられてきたからなんだ。戦後も苦労して、東京都は小金井公園や武蔵野公園の土地を買収したりして整備してきたんだ。だからそこに大きな道路を通すのは、先人の環境保護の苦労を水の泡にしてしまいかねないリスクがある。ただし、南北に縦に走る道路が三鷹から小金井市の真ん中まで三・六キロほど空白という事情も確かにある。住民と行政が、道路が本当に必要かどうか、環境・景観を優先するのか、もし作るとしても自然環境に影響を与えないよう地下化するとか、立退き住民の生活権をどう補償するのか、きちんと話し合い、合意する作業をしないといけないと思うよ。どこかの社会主義国みたいに住民合意なしにいきなり立ち退けというわけにはいかないのは当然だ。日本は民主主義国家なんだからね、手続き自体が公正で透明性のあるものでないといけないね。

母　さっき第四次優先事業なんとか計画っていってたのは、どんなことなの。何かむずかしそうな名前ね。

父　大都市で、都市計画が進むのは、大地震や戦争、オリンピック・万国博覧会などのビッグイベントがあるときなんだと、専門家が告白している。（越沢明「東京都市計画物語」など参照）。東京都も戦後復興期と東京オリンピック（一九六四年）のころに道路整備をやったけど、財政不足や急速な都市化でなかなか進んでいない。そこで一九八一年（昭和五十六年）から優先整備方針という十年計画を立てて、優先する道路を決めて整備することにした。一番新しいのが整備方針「第四次事業化計画」（二〇一六年三月）で、選定された路線は全体で三二〇本、距離にして二二六キロなんだ。都の道路予算は年間大体三〇〇〇億円で、十年で合計三兆円前後という大規模なものだ。

母　三〇〇〇億円って言われても、想像もできないわね。スーパーで値引きを見つけて買い物している身としては。道路ってそんなにお金がかかるものなの。子供のために一割でも回せば、教育の無償化なんてすぐにできそう。

父　そうだね。三〇〇〇億円は、一万円札を三〇〇〇メートル積んだ高さになるから、日本アルプス級の山々の高さかな。日本は公共事業をカンフル剤として景気対策・経済優先でやってきたからね、なかなか考え方を改めることができないでいるね。旧民主党政権時代は「コンクリートから人へ」という考え方が提唱されたけど、国民も行政も頭の切り替えができないね。多くの国民は「公共事業を続けて借金まみれの財政は大丈夫か」と心配している。

創太　小金井のこの道路はいつ決まったの。

父　一九六二年（昭和三十七年）だよ。第四次を決める前に都は各地で、自治体代表などから意見を聞く会議を開いている。市の担当者は出るには出たが反対しなかったみたいだね。それは小金井市が町から市制（昭和三十四年）になって初代の鈴木誠一市長が同意し、最近、市が策定したマスタープランにもこの二本の道路計画が入っていたからなんだ。

母　当時の市長が同意してしまったわけね。でも五十年以上も前じゃない。

父　そうなんだ。現在の大半の市民は都市化が進み、昭和四十年以降に引っ越してきた人だから、最初の同意には全く関与できない。マスタープラン時も、お父さんみたいに、都心で働いて、ベッドタウンの小金井市に寝に戻るだけの「定時制市民」はほとんど知らなかった。

望　ハケとか緑の豊かさって、小金井市のセールスポイントなんじゃないの。それを傷つけられたら、小金井が魅力のない街になってしまう。わが家も自然環境の豊かさにつられて引っ越してきたってママが言っていた。

父　そうなんだね。ママと相談して、大事な君たちを育てるのに、公園が多くて良い環境だと思って引っ越してきたんだ。第四次が決まる直前に保守系前市長（当時）は担当者から事後報告を受けただけらしい。小金井市の流入人口が多いのは、自然環境のおかげなんだ。首長がもっとしっかり市民の意向を調べて、東京都に意見を伝えてほしかったという声が多いね。おまけに同意した時代の法律に大きな落とし穴があったんだ。

第3節　生きている旧都市計画法

望　落とし穴ってどういうこと？

父　都市計画道路は、都市計画法に基づいて作られるってさっき言ったよね。この法律は関東大震災の前にできた旧都市計画法（一九一九年施行）というんだ。つまり明治憲法下で国民主権が認められていない戦前の法律で、計画はオカミ（天皇の役人）が決め、国民（＝臣民）は従うべきだというものだね。その旧法が戦後、日本国憲法で国民主権になっても生き続けてきた。ようやく一九六八年（昭和四十三年）に新しい都市計画法になった。新法では、住民への説明が形の上では義務付けられているんだ。自治体によっては少しずつ市民参加も認められているところもあるみたいだね。でも小金井の二路線は都民への説明義務のない旧都市計画法時代に、駆け込み的に決められた「遺産」ということになるね。

望　どうして都民が意見を言って計画の最初から作ることができないの。国民主権に変わったのに、適用される法律が戦前の臣民時代のままなんておかしくない。

父　そこが難しいけど「憲法は変わっても（都市計画法のような）行政法は変わらない」という二十世紀初めのドイツ行政法の考え（オットー・マイヤー）を行政や司法が有難がっていたんだね。

望　それって霞が関とか都庁とかのお役人にとっては都合がいいかもしれないけれど、違憲状態なんじゃないの。

父　なかなか鋭いね。でも行政上の紛争では裁判所は、ほとんど行政寄りの判断しかださない。ウルトラ保守的なんだ。

望　どうして？　最高裁判所は法の番人で、法律が憲法に反するかどうかの判断をする権限があるって教わった気がする。

父　三権分立だね。中学レベルで習う三権分立の図は対等に並んでいるよね（チェック・アンド・バランス＝相互抑制）。本来は、選挙で選ばれた国会が「国権の最高機関」で一番偉くて（First　Branch）、行政はその次（Second）、司法は事後的に判断するから一番下（Third）という序列があるんだ。ところがあらゆる情報を収集し、法律案を作り、予算編成を握っている行政が最強で、国会は選挙で議員がころころ変わるからその次、そして裁判所は行政への配慮でチェック機能はほとんど果たしていないから最下位、というのが実情だ。政治学者によると「行政国家現象」というらしい。

望　そんなこと中学の教科書には書いてないわ。ずるいじゃん。

父　そうだね、社会科学を学ばないとね。でも大人は、新聞やテレビの報道で何となく行政が、一番力があると分かっているはずだけど。

創太　それじゃ、やっぱりハケは壊されちゃうの。

父　んー。なんとも言えないね。優先事業計画の対象になっても、住民や地元市町村の反対の声が強いと進められず、見直し対象になったケースも数件はあるみたいだよ。どれだけ反対と賛成があるかによるよ。

西日暮里の「荒川補助九二号線」では住民らが結束してのぼり旗やビラで反対を表明した。最近、都建設局の幹部は「地元の理解が無いままの事業化は今となっては難しい」と実施は難しいという考えを示したようだ。

小金井でもね、環境保護団体の人々や、住宅立ち退きは理不尽だと怒っている住民らが反対運動に乗り出したんだ。

第4節　九割が反対なのに

父　小金井の人たちの考えを知る方法が一つあるよ。

望　それは何。

父　都が第四次計画について「パブリック・コメント」（以下、パブコメ）という制度で都民の意見を聞く作業を一応やったんだ。

創太　パブコメ？

父　英語だね。創太はニューヨークにいたけどまだ赤ちゃんだったから分からないか。

望　パブリックって、大衆とか公衆とかね。コメントは評価とか意見ね。だから、皆さんからご意見を聞かせてくださいという制度かな。

父　さすが帰国子女（笑い）。概ねその通り。でもね、これも行政が何か事業をやるときに、皆様のご意見は一応拝聴しましたというエクスキューズ（言い訳）程度でしかないんだけどね。それでも全くない旧都市計画法の時代とは違うわけで、それなりの意味はあると思うよ。

望　それでパブコメの結果はどうなったの。

父　それがすごい結果だったんだ。第四次事業化計画がまだ案の時、二〇一五年十二月八日から二〇一六年二月十日まで都がパブコメを募集したんだ。結果は合計四一二六件の意見や提案が来た。そのうち何と小金井市の３・４・１号線と３・４・11号線がそれぞれ一〇八一件、一〇三〇件と全体の半分になったんだ。

創太　第四次全体で三二〇路線もあるのに、小金井だけで二一〇〇件以上ってヤバくない。

父　パパもびっくりした。３・４・１号線は整備推進は二四件だけ。廃止・見直しが一〇五七件（九七・七％）、３・４・11号線は整備推進が四六件、廃止・見直しが九八四件（九五・五

小金井都市計画道路の経緯

1962年（昭和37年）	東京都の都市計画道路計画（鈴木市長が同意）＝当時は旧都市計画法
2015年12月	都の第4次事業化計画に盛り込まれる話が浮上
2016年2月	都がパブルックコメントを募集
2016年3月	市民団体「都市計画道路を考える小金井市民の会」発足・計画地住民らも団体結成（時期は違う）
2016年3月	小金井市議会が計画見直しの意見書を採択
2016年3月30日	都都市整備局が第4次事業化計画を決定
2016年8月	小池百合子都知事誕生
2016年12月	考える会、小池都知事に見直しを求める署名提出
2017年2月	西岡市長が小池知事に現地視察を要請
2017年7月	国交省が「都市計画道路の見直しの手引き」策定
2017年9月	小金井市議会が計画の見直しと誠意ある対応を求める意見書採択
2017年10月	考える会が、都知事・市長に住民無視の「意見交換会」開催に抗議文を提出
2017年11月17日	第１回「意見交換会」開催（事実上不成立）
2017年12月	市議会が計画見直しと意見交換会のあり方の改善を求める意見書を採択
2018年1月	第2回「意見交換会」開催（事実上不成立）
2018年2月	西岡市長が小池都知事に再度、現地視察を要請
2018年3月	都議の仲介で、都庁で建設局・都市整備局から説明会開催（物別れに終わる）
2018年3月25、26日	小金井市立南小学校で都が説明会開催
2018年3月28日	市議会が計画見直し、3・4・11号線の整備の是非の協議の場設置を求める意見書を都知事に提出
2019年2月8日	第３回「意見交換会」都はオープンハウス方式への切り替えを通告・住民反発

%）だった。

母　廃止・見直しが九割以上で、圧倒的だったわけね。

父　その通り。中身は「五十年も前の計画を元にマンションや静謐《せいひつ》な住宅街を分断してまで、新しい道路を作る必要はない」「貴重な国分寺崖線や野川などの自然、景観、歴史、文化を破壊する道路整備は行うべきではない」というものが多かった。一方で、「生活道路（市道）が狭いので道路整備をして欲しい」という要望もごく少数ながらあったんだ。でも圧倒的多数は廃止・見直しだったことは事実だね。

望　それじゃ都も考え直してくれるのかな。

父　それは難しいね。都はあくまで道路を造ること（事業化）を前提にパブコメを募集しているんだ。だから小金井市の二本のパブコメに対する都の付帯意見はね、道路の必要性について色々主張した後で「……適切に対応するとともに、地元説明を実施するなど、事業化に向けて、適切に取り組んでいきます」と決まり文句で終わっている。形式的にパブコメを募集しただけで、もう決まったんだからね、という姿勢だね。

望　パブコメを出した人を馬鹿にしている気がする。それって民主主義に反していない。

父　都市計画は神のごとき自分たち専門家（オカミ）がやるんだから、絶対に間違いはないという思想があるんだろうね。小金井市民で元国連職員の久山純弘さんは「これだけの（反対多数の）結果が出れば、考え直すというのが民主主義国家の在り方ではないか」と批判的だ。

第5節　「国家高権」という思想

望　絶対間違わない思想って、なんだか怖い。

父　都市計画では「思想」はすごく影響力があり、重要なんだ。

例えば、二十世紀初めにヨーロッパの建築家ル・コルビュジェ（本名、シャルル＝エドゥアール・ジャンヌレ、スイス生）が幾何学と黄金比を適用したモダンな「輝く都市」を提唱し、一世を風靡《ふうび》した。「輝く都市」の適用では、パリの中心部、セーヌ川の沿岸で古い街並みを壊し、幅一二〇メートルの幹線道路を通して、中心部にビジネス街、周辺に高層の集合住宅群を集中配置した計画を実施した。集合高層住宅化することで、幅広の道路が出来て自動車がたくさん通ることが可能になるというわけさ。「ヴォワザン計画」というのだけど、支援者の会社名から取った。この支援者は、実は「ヴォワザン」という自動車会社の経営者なんだ。二十世紀初頭の機械文明、自動車文明を色濃く反映させた都市計画思想だったんだ。資本と建築の関係はおもしろいね。

コルビュジェの「ピュリズム」の抽象画や、モダンな建築物は現在でも日本で人気があるが、都市計画はどうかな。世界各地で反対・抗議に見舞われたそうだ。「ヴォワザン計画」も直線道路に反対の声が上がり、計画通りにいかなかったと聞いている。

その後、対照的な都市計画思想が米国のニューヨークで登場した。再開発で取り入れられた低所得層向けの高層集合住宅群や大きなブロック（区割り）が犯罪の温床になりやすい現象が現れた。そこで昔のように子どもが路上で安心して遊べるよう、通行人や店にいる人の目の届く空間に基づく街並みが大事だという「生活者優先の都市」づくりの発想が生まれた。驚くことに思想の提唱者は、ジェイン・ジェイコブスという主婦だったことだ（参考『アメリカの都市の死と再生』ジェーン・ジェイコブス、終章でも触れる）。

人間にとって暖かみのある街は、デザインよりも少しくらいごちゃごちゃしていても構わないという思想かな。どちらも魅力があるのだけどね。

望　ごちゃごちゃというと、ブティックとか金物店とか、居酒屋さんとか雑然としているような。それじゃー、お酒が大好きで居酒屋に行くパパはジェイコブス派じゃない。

父　アイタ、これは一本取られた。ところで、日本では道路や都市計画では「国家高権」という頑強な思想が根底にあると言われているんだ。「国家の主権が都市計画に現れた」という考え方で、市町村よりも都道府県、さらに国家機関がより高度で間違いのない計画を立てる、高い権限を持つという考え方なんだ。文字からも何か「オカミ・国家」優先丸出しという感じが伝わってくるね。

その裏側には、国や上級官庁がやることだから、絶対間違いはないという無謬《むびゅう》性神話があるんだ。従って、国民や都民が何を言おうが、一旦決めたもの、地図上に引いた路線は九九・九九％実現させるということだ。これは国会や自治体の議会、政治家でもなかなか口を挟めないんだ。草の根民主主義にとって大問題だ。欧米などの先進国では一九七〇年代から市民参加による計画段階からの道路作りが当たり前になっており、日本の状況は、グローバル化時代に信じられないほど遅れていると思うよ（第7、8章で触れる）。

創太　それじゃ誰にも止められないってことじゃない。まるで「道路怪獣」じゃないか。

父　ン－、「道路怪獣」か、本質を言い当てているかもしれないな。

望　それで道路に反対する小金井の人たちはどうしたの。

父　環境団体の人たちが集まって二〇一六年三月十三日に「都市計画道路を考える小金井市民の会」（考える会）が発足したんだ。会合には、一二〇人以上の市民が参加し、会場の外にも人があふれたよ。三十代の主婦が、赤ちゃんを抱っこしながら「子どものために自然豊かな小金井市に来た。市民説明会も開かずに五十年前の計画を持ち出すなんて信じられない。この子にも、その次の世代にも豊かな自然を引き継ぎたいので反対です」と発言した。

サッカーの監督さんは「3・4・1号道路は都の主張する『ネットワーク形成』上からは中途半端な矛盾を抱えた計画。3・4・11号道路も環境保護でブレーキを踏みながら、他方で開発のアクセルを踏む、矛盾だらけだ」と計画撤回を訴えていたよ。

多くの小金井市民は、わが家みたいに武蔵野の自然が残る環境にあこがれて移ってきた人たち（「来たり人」）だから、自然保護に強い関心を持っている。それから自宅が計画区域にある住民（地権者）も、これとは別に組織を作っており、事業化が決まれば裁判も辞さないという人たちもいる。市内の環境保護団体はもちろん反対している。

第6節　小池知事の公約

望　それじゃ都知事に直接訴えたら良いんじゃない。〝直訴〟とかいったっけ。

父　当時の舛添要一都知事は定例記者会見で、計画決定にパブコメへの多数の反対意見が反映されているのかとの質問に、「いろいろな意見があるが、防災を含めて（都市交通道路は）重要な都市基盤。都としては計画を着実に進めていく立場だ。今後は要望に応じて説明会を開くとか丁寧な説明を続けたい」と推進の方針を示したんだ。

創太　やっぱり知事も推進か。

父　でも状況が変わったんだ。ほら舛添知事が公費スキャンダルで辞任に追い込まれただろう。都知事選が七月にあったので、考える会の人たちで、立候補者に道路計画を推進するかどうか、質問状を出すチャンスが回ってきたんだ。

望　えーと、今の知事って小池百合子さんね。彼女は質問状になんて返事をくれたの。

父　小池候補（当時）は、「**私は、『都民が決める、都民と進める』との基本方針をお示ししました。**（中略）**知事に就任させていただきましたら、とりわけ地元から強い疑義が提起されている路線を実際に巡視し、地域住民の皆様とも対話し、優先整備路線に位置付けることが不適切だと判断される路線に関しては、大胆に見直しを進めていきたい**」と、小金井市の二路線ではハケや野川の自然環境や生態系の保全には都も主体的に関わっており、慎重な対応が求められる。政策変更があり得ると期待させる回答をしたんだ。

母　良いこと言ってるじゃない。緑のコスチュームで環境に優しいとアピールしていた記憶があるわ。最近も「持続可能な環境先進都市・東京を目指して」と題するフォーラムで、東京を環境先進都市にするってアピールしていたわ。

父　でも実際に知事に就任すると、発言がトーンダウンしており、現地の巡視など実現していないんだ。都の役人に丸め込まれたのかなという人もいるね。都市計画審議会（都計審）などの手続きを踏んでいると、知事の一存では見直しは厳しいという見方もある。そうでない歴史もあったのだけれど……（都計審については何度も後述する）。

母　公約は大事にしてほしいわね。都民ファーストだったっけ。小池さんの作った地域政党。最初はものすごい旋風で、あまりいいたくはないけど、実は私、二〇一七年七月の都議会選挙では公約を信じて都民ファーストの候補者に入れたんだ。でも当選した都民ファーストの都議（一人区）は、落下傘候補で、地元出身ではない。この間、都市計画道路についてこの議員は「（自分が）当選する前に既に決まっていた」「重要な道路だ」と賛成していると聞かされがっかり。

父　そんなことがあったんだね。小池知事は二〇一六年秋の第三回都議会定例会で「この道路整備に当たりましては、さまざまな意見があることは承知いたしております。今後、道路の果たす役割や機能、そして環境にどう配慮するのかについては、市民との意見交換の場を設けて、ひとつひとつ丁寧に対応するよう（部下に）指示した」と答弁したんだ。

望　具体的にはどうなったの。

第7節　意見交換会と「そもそも論」

父　とりあえず住民の声を聞こう、役人のロボットにはならないぞ、という小池知事の英断だと思うけど。それで困ったのが都建設局だ。新都市計画法でも義務付けられていない住民との意見交換会をやることになってしまったんだ。でも地方自治法では、トップが指示するように政策を変えないといけない決まりになっているからね、首長を選ぶというのは、有権者が考えている以上に非常に大きな影響があるんだ。

望　私は十八歳になって投票権が出来たら絶対投票するよ。ねえ意見交換の場ってどんな風になったの。

父　それから一年経った二〇一七年秋に、建設局から小金井市民に3・4・11号線に限って意見交換会を少人数でやりたいという提案があったんだ。

望、創太　どんな話し合いになったの。

父　まず、抽選で五〇人の住民が選ばれた。十一月十七日に意見交換会を開いたけれど、冒頭から「なぜ参加者を五〇人に制限するのか」「なぜ記者を入れないのか」で、荒れたんだね。

母　言い争うなんて、ちょっと怖いわ。

父　道路の住民説明会はいつも怒鳴りあいになるらしいよ。困ったことだね。結局、建設局が折れて、二〇～三〇人ほどの傍聴希望者と記者を入れて始まったんだ。でも建設局が望んでいたようには進まなかった。

皆　エーどうして。

父　議論の入口、前提が違うというのかな。抽選で選ばれた住民の多くが環境保護派だったということもあるけど、「私たちは道路が必要だと思っていない。道路の説明をする前に、建設局ではなく、道路計画を作る権限のある都市整備局の役人に来てもらわないと、どうしてこの道路が必要なのか議論できないではないか」という主張なんだ。つまり建設局は、計画の実行部隊で道路を作ることが絶対条件になっている組織なので、道路がなぜ必要かという「そもそも論」は議論できないはずなんだよ。

母　そっか。環境保護派の住民は、道路が要らないという立場だから、道路を作ることが前提では話せないし、無駄というわけね。反対派住民は、〝WHY IS THIS ROAD NEEDED?〟（なぜこの道路は必要）と聞きたいのに、都側は〝HOW TO MAKE THIS ROAD?〟（どんな、どうやってこの道路を作るのか）でしか対応しないわけね。意見交換会といいながら、実際は事業化を前提にしただまし討ちじゃない。小池知事の議会答弁では、絶対に作るぞとまではっきり言っていないのに（「そもそも」論は本書を通じるサブテーマ）。

父　そうなんだ。結局、この日の意見交換会は会合そのものが不成立となったんだ。

望、創太　それからどうなったの。

都市計画法による都市計画道路事業のフロー図

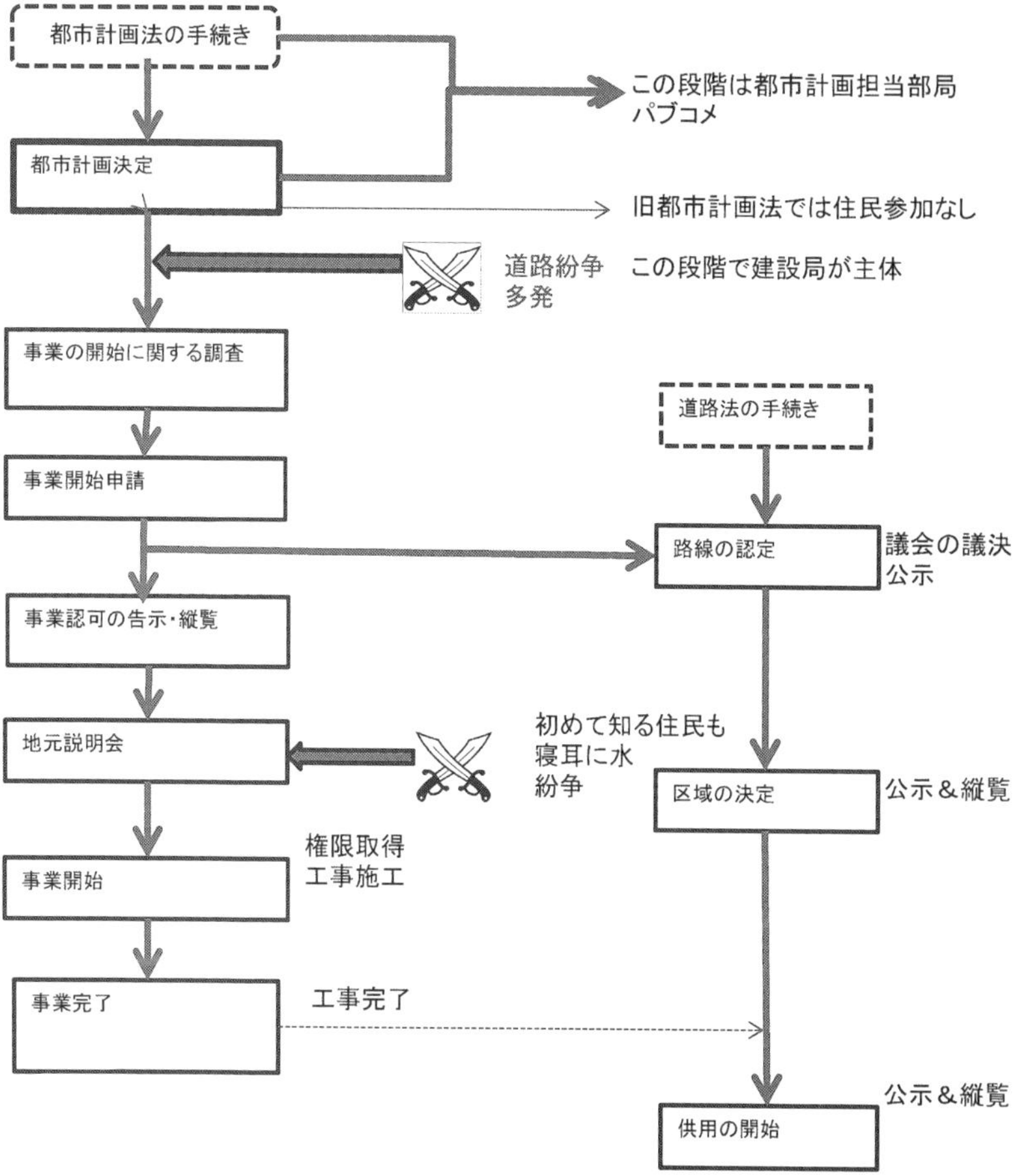

長谷川茂雄氏のフロー図を加筆・修正

父　年が明けた二〇一八年一月二十六日に第二回?の意見交換会が開かれたんだけれど、やはり冒頭から、環境保護派から「都市整備局の役人を呼んでくれといったのになぜ実現しないのか」と強い抗議が出て、またしても大荒れさ。建設局の役人は、ハケの環境に配慮したという橋梁などのイメージ図をスライドで見せて自分たちのペースで進めたいのだけれど、環境保護派は「そもそも論」じゃないと開く意味がないとかみ合わず、二回目も不成立となった。

母　なぜ都市整備局の職員が来て道路の必要性を堂々と説明しないのかしら。

〈注：荒川補助九二号線の説明会には、都市整備局職員が説明のために現場に来たことが確認されている〉。

父　どうしてかな。論破されちゃうと困ったことになるのかな。でも「国家高権論」の立場からすると、住民や環境保護派の主張なんか「無視すべき非エリートの雑音《ノイズ》」にすぎないのかもしれないね。

創太　それじゃ、「道路怪獣」に生き物たちがやられちゃうよ。〈皆ハケからいなくなってしまう。ランポロたちがヤバいことになる〉

父　計画を作った都市整備局には少なくとも説明責任があると思うよ。これだけ多くの反対があるのだから。建設局にげたを預けて済むようなレベルじゃない。判を押したように「ネットワーク形成」で必要と言われても中身が分からないんじゃ、民主的ではない。納税者の賛成は得られないよ。自動車が沢山通ると空気も汚れるし、騒音でデリケートな生態系が壊される恐れもある。

また最近分かってきたけれど、ハケの上の台地周辺は、三万五千年前から二万年前の旧石器時代の居住地だったらしい。日本でも数カ所しかない居住地だったとも言われていて、考古学では大変貴重な場所らしい。都の役人は、ハケは単なる草むらとしか見ていない気がするね。五十年前の都計審の段階では、そんな話は出ていないと思うよ。

母　都市整備局のお役人は環境保護派や地権者と話し合う気がないのかしらね。

父　それで革新系の都議が仲介し、三月二十日に、議会会議室で都市整備局と建設局に説明を求めたんだ。その場に小金井市の環境保護派の人々も参加する形で異例の話し合いの場が持たれた。

望　どうなったの。

父　でも都市整備局は「第四次事業化計画で既に必要性ありの結論が出ている。再検討にはならない」と頑なな態度で終始した。パブコメで見直し・廃止の意見が多かったことについても「聞き置いただけ」という姿勢で、住民とはすれ違いに終わった。

それから三月二十五日、二十六日に小金井市立南小学校で一般市民向けの意見交換会も開かれたが、ここでも周辺住民からは「事業化ありきの説明は要らない」など反対意見が圧倒的だった。一応、建設局は、スライドでハケなど環境に配慮したと主張する橋梁案のスライドを市民に見せることには成功したけれどね。住民との合意形成をしながら事業をすめるという姿勢はまったくないままだった。「トレードオフ論」（第10章で後述）とか勝手な理屈もこねていたけどね。「そもそも論」をオカミが無視してきたことが道路紛争の根源にあると言ってもいい。

母　東京都のお役人にはもう少し頭を柔軟にしてもらわないと時代にそぐわないわね。あらもうこんな遅い時間。明日パパは仕事で、君たちは学校でしょ。もう寝なさい。

創太　ほらここにも怖いママゴン怪獣が。

母　なによ。まったく口が悪いんだから。誰に似たのかしらね。パパも早く寝て。調子に乗ってワインを飲みすぎよ。

父　俺は子供たちのために社会教育をだね。

母　はいはい、分かってますよ。まっすぐベッドへ。

追記：それから一年後の二〇一九年二月八日に第三回目の都と選抜された住民との意見交換会が開催された。住民側は「そもそも論」で譲らず、都建設局は「必要性を再検討するつもりはない」と実質的な議論に入れないまま平行線をたどった。都側は「小池都知事の丁寧な説明」答弁を盾に取り、「今後は意見交換会を、より広い人々から意見を聞く『オープンハウス方式』に切り替える」と一方的に通告した。住民側は納得せず「オープンハウス方式では、パネル表示などで都側に都合のいい情報しか参加者に示されない。都合の悪い情報を参加者に示す機会を与えるのか。パブコメと同じで反対意見が出ても無視するのではないか。フェアじゃない」と意見交換会の継続を訴えたが、都側は「オープンハウス説明会」への移行を既定方針として示した。結局、都は「事業化ありき」の姿勢を変えていない。

第8節　ハケ仙人の魔法

（眠りについた創太の枕元にハケ仙人が現れた）

ハケ仙人　創太、創太。
創太　あれ仙人のおじいさん。パパに聞いたんだけどさ、「道路怪獣」ってすごく強いみたいだよ。九九・九九％勝てないって。どうやってやっつけたら良いのかわかんないよ。僕には難しい法律とかわかんないしさ。
ハケ仙人　そりゃ難しいに決まっとるさ。なにせ日本で一番強い「怪獣」なんじゃからな。政治・経済・社会の仕組みの一番深いところに住んでおり、無限増殖しているんじゃ。お前のパパは新聞記者じゃな。大酒呑みみたいじゃが、ひとつパパに魔法をかけて道路問題を取材させて、皆に本当のことを知らせることにしよう。正しい情報がないと、皆が道路が本当に必要かどうか判断できんじゃろうからな、ワ、ハ、ハ、ハ。
創太　そうだけど、パパは、道路問題は専門じゃないらしいよ。
ハケ仙人　日本には道路専門記者は元々いないそうじゃ。わしの仲間にパパを助けさせよう。
創太　仲間？
ハケ仙人　そうじゃ。全国で道路問題を調べ、環境を守っている市民がたくさんおるでな。ランポロも仲間に呼び掛けるぞ。
〈ハケ仙人は、寝ているパパに向かっておまじないを唱えると、パーッと光って、ランポロと一緒に姿が見えなくなった〉

第2章　「どんぐりと民主主義」＝小平市民の挑戦

望　戦後七十年も経っているのに、東京都は住民の意見を聞かずに道路をどんどん作り続けているわけね。

（神谷家リビング）

父　情けないけどそういうこと。

創太　それじゃ道路怪獣にやられっぱなしじゃないか。どうして大人は皆黙っているの。

父　いや、これじゃおかしいと住民が立ち上がったところもあるよ。

望、創太　エー、どこで。

父　それは小金井のお隣の小平市で、二〇一三年五月に都市計画道路３・２・８号線（府中所沢線）をめぐって市民が立ち上がったんだ。

母　そういえば何か新聞で、玉川上水の自然を守れとか騒ぎになっているという記憶があるけど、詳しくは知らない。

父　玉川上水の周辺に残された武蔵野の面影を残す雑木林の真ん中半分が伐採されることにな

り、怒った市民が小平市に住民投票を実施させた。「どんぐりと民主主義」というユニークな運動なんだ。

望　民主主義ってお堅いイメージだけど、「どんぐり」がつくと何か親しみがわいてくるような気になる。

父　そうだね。住民投票の人たちは、都市計画が決まってから移り住んできた人や、なぜかしら哲学者の國分巧一郎さんたち学者さんが多いね。でも計画の決まる前、五十年以上も前から雑木林北側の住宅地では地権者の反対運動が起こり、いまでは裁判になっているんだ。

鷹の台駅周辺の豊かな緑の玉川上水

望　五十年以上も紛争が続いているわけ。うそでしょ。

父　この計画は既存道路（現道）のない住宅地に新たに道路を作り、しかも自然環境豊かな玉川上水横の雑木林を伐採してしまう計画なんだ。

創太　それじゃ、小金井の3・4・11号と同じじゃない。住宅立退き

３・２・８号線の紛争区域図

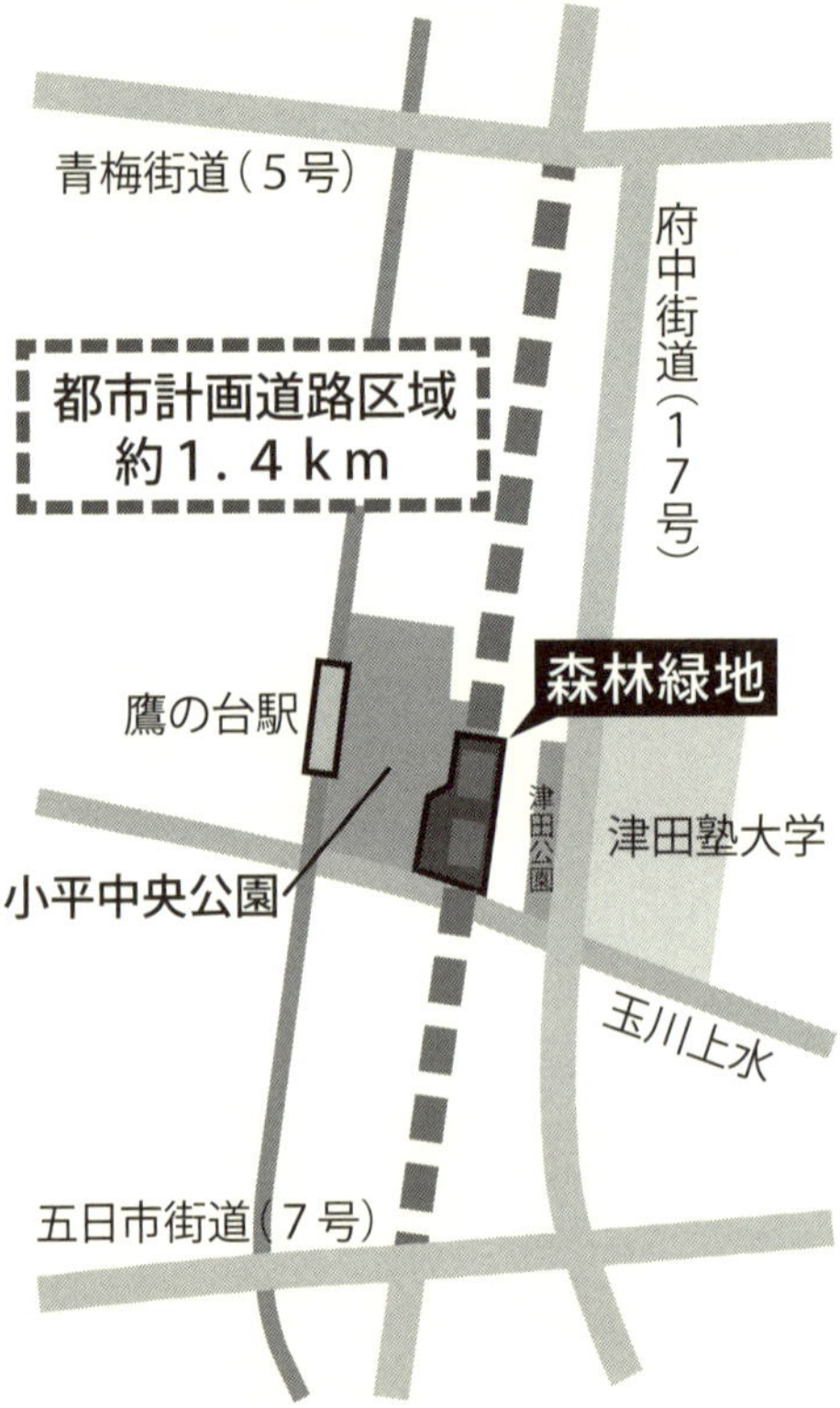

と自然環境破壊だ。

父　そうだね。パパも似ている気がしてね、調べてみたんだ。でも忙しいのになぜ取材に行ったのか自分でもよく分からない。何か不思議な力に導かれている気がしているんだけど。以下はその報告だ。

創太　〈フフフ、ハケ仙人の魔法だよ、パパ〉

◇道路の概要と経緯

小平の都市計画道路3・2・8号線は、一九六三年七月六日、東京都の都計審で議決。八月に建設大臣が官報で告示した。府中市から国分寺市、小平市、東村山市から埼玉県所沢市にいたる延長一三・六キロメートルの府中所沢線の一部で、国分寺市東戸倉二丁目（五日市街道）から、小平市小川町一丁目（青梅街道）までの延長約一・四キロメートルの区間だ。

西武国分寺線鷹の台駅のすぐ東側に計画地はある。この場所の特徴は、①計画路線の東約一〇〇メートルの津田塾大学キャンパス前に、府中街道が走っている、②3・2・8号線はバイパスという位置づけだが、完成すれば並行して大きな道路が走ることになる、③小平市中央公園の横にあり、野鳥や昆虫、植物などが生息、市民や子供たちの憩いの場となっている雑木林を幅三二メートルで半分伐採、④公園の南には玉川上水があり、側道には木々が生い茂る遊歩道があって、道路が出来れば南北に三六メートル以上断ち切られる——ことだ。

◇半世紀以上の「不撓《ふぎょう》」の闘い＝前史

公園北側では一九五九年（昭和三十四年）から建築技能者生活協同組合（建生協）が一〜三号の団地（戸建て用地）を分譲し、街づくりが始まった。住民らは生活道路や都市ガスの整備から手作りでコミュニティーを形成していった。

道路計画地内の小平市津田町鷹の台二号団地の自治会長、荻野晃さんによると、「家に風呂の無かった人は、もらい湯をした。入植という言葉は適当ではないかもしれないが、ここに『我が家』を購入した全員が労苦を分かち合い、力を合わせて新しい街づくりに情熱を傾けた」という。

ところが昭和三十七年八月二十日付の小平町報（市制移行は同年十月一日）に「小平町の都市計画決定される」という記事で、突如、団地内を幅員二二メートルの道路が通ると知らされた。住民にとってはまさに「寝耳に水」である。

旧都市計画法時代であり、住民は都の計画決定にまったく関与できない。小平町役場と同町議会は都市計画を推進し、町報では「地元民の要望を聞いた」と説明しているが、大規模団地開発を許可したはずの二号団地の新住民の意向を聞いた形跡は全くない。

驚いた団地住民らは、市議会に「路線変更」を求める陳情書を提出、市議会は一旦路線変更の要望を決議する。また都議会へも二回路線変更を求める請願を出し、一九六六年（昭和四十一年）三月に請願が採択された。

その後も計画が変更されないまま、団地周辺も宅地化が進んだ。団地自治会は結束して、都庁との交渉を五十年以上続けてきた。

しかし都は二〇一二年、幅員を当初の二八メートルから三二～三六メートルに拡幅する都市計画決定を行う。二〇一三年に新都市計画法に基づき、住民への事業概要説明会が開催されるが、路線変更などを求める意見は考慮されなかった（『わが自治会不撓の歴史』鷹の台二号団地自治会が編纂した四十五年間の闘争史冊子）。

国分寺側からの事業が進捗する中、地権者ら二五人が、二〇一四年一月に事業認可取り消しを求めて東京地裁に提訴。二〇一七年五月に原告（地権者）敗訴の判決。高等裁判所に控訴したが二〇一九年七月に再び敗訴した。原告は「団地に住民が入居してから、三年もたって住民から何も意見を聞かずに決められた『理不尽な計画』だ。最高裁まで争う」構えだ。

五十年前には府中街道周辺に住宅が点在していた状態なので、路線変更は決して無理な要望ではなかったと思われるのだが（都心から移転してきた津田塾大学の二十世紀初頭の写真ではキャンパスは周囲を広い畑で囲まれている）。

第１節　住民投票顚末《てんまつ》記

住民投票について、「小平都市計画道路に住民の意思を反映させる会」の共同代表を務める水口和恵さんから話を聞いた。

水口さんは結婚を機に、母校に近い玉川上水近くに引っ越してきた。最初は、道路問題はぼんやりとしか知らなかったが、消費者運動団体で知った環境アセスメントの情報で都市計画道路の計画を認識した。玉川上水や雑木林の環境が気に入っており「え、ここに大きな道路ができるのは嫌だ」と思い、市民の仲間に呼びかけて二〇〇八年四月に「都道小平３・３・８号線計画を考える会」を立ち上げ、学習を始めた。地権者も数人参加した（注：当初３・２・８号線だったが、後述のようにその後の計画変更で３・３・８号線へと名称変更される。

二〇一〇年二月に東京都は地元説明会を開催するが、形式だけ都民の意見を聞きますの姿勢で、

武蔵野の豊かな木立を色濃く残す道路建設予定地。下は玉川上水沿いの歩道。散策を楽しむ人々が多い

「もう決まったこと」と着々と手続きを進めていったという。

水口さん達は、東京都が道路事業主体だが、地元小平市の街づくりに関係するからと、二〇一一年九月に市議会に3・2・8号線について「市民による対話の場」の設置を提案。十二月に市議会が設置を全会一致で採択。これを受けて小平市が二〇一四年四～五月に「3・2・8号線街づくりワークショップ」を四回にわたり開催した。六月に東京都も環境アセスメントに基づく「都民の意見を聞く会」を開催した。

水口さん達は「このままでは雑木林が事実上なくなり・玉川上水周辺の環境が破壊される」と危機感を強め、二〇一二年五月に考える会の第三回総会で、一番有効な手段として浮上した住民投票について検討することを決め、十月に「小平都市計画道路に住民の意思を反映させる会」（以下「反映させる会」）を発足させた。市内の他の一四団体も会員団体として参加した。

「反映させる会」では、①少子高齢化を背景に自動車の台数自体が減りだしており、府中街道があるので3・2・8号線はそもそも不要、②路線を変更し府中街道に合流させる（団地・雑木林を回避）、③地下化する――などの代替案が検討されたという。

水口さん達は、計画の主体が東京都であることは分かっていたが、都には常設の住民投票条例はなく、また条例があったとしても小平の狭い地域の道路問題で都レベルでの住民投票実施は現実離れしていると判断。「市レベルで住民投票することで、小平市と市長を通じて、住民の意思を東京都に伝えことができる、東京都も、もし地元で反対の声が多いとなれば、それを無視できなくなる」との考えから、住民投票を進めることにした。新しい民主主義の試みだった。

水口さん達は、投票で何を問うかの内容について、街頭で行った市民向けアンケートなどを参考に決めていったという。住民投票の設問は、計画の賛否を直接問うのではなく、「計画を住民参加で見直すべき」か、「見直しは必要ないか」について、小平市民の意思を問う内容の案をまとめた。

同十二月に条例制定に向け請求代表者証明書の交付を求め、運動を本格的にスタートさせた。十二月十七日から、年末年始を挟んで、二〇一三年一月十一日までの期間内で署名活動（受任者三八五人）を行い、七五九三筆の署名を集めた。地方自治法では条例制定請求可能な条件は、市の有権者の五〇分の一（小平市は当時約三〇〇〇人）で、有効署名は七一三八筆と基準を大きく上回る結果となった。二〇一三年二月に「条例制定」を本請求した。

これを受け小林正則市長は、

(1)　東京都が広域的な道路ネットワークの整備に責任を有している

(2)　東京都が多摩地区の都市計画道路の整備方針（第三次事業化計画）に基づいて必要性を確認している

(3)　法令に基づき都計審で手続きが完了している
(4)　投票結果には法的拘束力がない。決定権は東京都にあり市にはない

などの理由から、「東京都の道路整備事業に支障を来しかねない」と否定的な意見を付けて、市議会に条例案を提出した。

◇握りつぶされた「民意」

ここからが「反映させる会」にとっても五年以上の苦闘の始まりとなる。

二〇一三年三月二十七日、市議会本会議が条例制定から投票実施までの期間を四十日から六十日に修正した「条例」を賛成多数で可決（市議会議員二八人中、賛成一三、反対八、退席六）した。投票日は五月二十六日（日）に決まる。

四月七日に行われた市長選挙で、小林市長が再選された（投票率三七・二％）

四月二十三日、市長が臨時市議会で突然、条例の成立要件として投票率五〇％を付ける条例改正案を提出。また五〇％未満なら不成立で、「開票を行い」の文言を条例から削除した。つまり五〇％に届かなければ、結果を明らかにしないということだ。市長選挙ではみじんもにおわせていなかったため、反映させる会は「住民投票つぶしだ」と反発した。しかし、市議会は、賛否が拮抗した末、議長採決で可決してしまう（市議二七人中、賛成一三、反対一三）。

市長の改正の理由は、条例第一五条（投票結果の尊重）で「市長は、住民投票が成立したときはその結果を尊重し、速やかに市民の意思を東京都及び国の関連機関に通知しなければならない」

と定めているため、「信頼に値する結果」を確保するため投票率五〇％という条件を付けたというものだった。

反映させる会が反発した理由は、市長選挙・市議選ともに一九九〇年代前半から投票率が低下、五〇％を超えたことがなかったからだ（市議会選挙は四四・五％、市長選も三七・三％）。一部住民からは「（三七％の低い投票率なので）市長自らが不成立だ」との批判が上がる。

反映させる会では、都が小平市に五〇％の条件を付けるよう働きかけたのではないかという疑いを抱いた。小平市のまちづくり担当者と東京都との間のメールと電話のやり取りの情報公開を請求したが、メールは「不存在」、電話は「記録していない」との回答で、「具体的な働きかけがあったのかどうか謎のまま」という。

東京都下で直接請求権に基づいて住民投票が行われるのは非常に珍しいとあって、マスコミ各社が連日報道し、注目された。五月二十六日住民投票が実施されたが、投票率三五・一七％で「不成立」とされた。

水口さんは「マスコミにもこの問題が取り上げられたので、少し期待していたが、がっかりした。五〇％要件が（有権者の心理に）マイナスの影響を与えたと感じた」という。

◇判決当日に投票用紙破棄＝徹底した民意隠蔽

納得できない反映させる会は市選挙管理委員会に投票結果の情報開示を請求した。しかし翌二十八日、不成立を待っていたかのように、東京都は国交省に対し、3・2・8号線の事業認可申請を提出した。

六月三日には、市選挙管理委員会から「非開示」決定が通知された。

反映させる会では、東京都に事業認可取り下げを要望、国交省には認可しないよう要望したが、東京都からは取り下げに応じられないと回答があった。そして七月十二日、国交省は事業認可をだしてまう。

七月に投票用紙の情報公開を住民が請求するも、市情報公開・個人情報保護審査会は非開示は適切との答申。

七月三十日、東京都が事業着手を発表。

八月五日、住民らは投票用紙の廃棄禁止を求めて仮処分申請した。ここから、住民らは法廷闘争という新たな試練に立ち向かうことになった。

反映させる会は小平市を相手取り、投票用紙の公開を求めて提訴。だが、二〇一四年九月五日、東京地裁で原告敗訴。地裁は判決で、①条例修正で、住民投票が成立しない場合、開票を行わないと定めている、②市議会がそう議決した、③市報でも不成立なら開票しない旨広報している――などの理由を挙げ、非開示決定は適法と判断した。

九月十七日、原告が高裁に控訴するが、再び敗訴。さらに二月一六日、最高裁へ上告するも、九月三十日、最高裁から上告棄却の通知がなされた。

驚くべきことに、小平市選挙管理委員会はその当日、投票用紙を廃棄処分する行動に出たのだった。

住民投票の直接請求から上告棄却までの主な動き

2013年2月14日	市民グループが小平市長に「東京都の小平市都市計画道路3・2・8号府中所沢線計画について住民の意思を問う小平市条例」制定を直接請求
3月1日	小平市長、市議会へ条例案提出
3月27日	小平市議会が条例案を審議、賛成多数で可決
4月7日	小平市長選挙で小林政正則氏が再選。投票率37.28%
4月24日	臨時市議会にて市長が、住民投票条例に「50%要件」を付け加えた改正条例案を提出し、可決
5月26日	住民投票実施。投票率35.17%で不成立
8月8日	市民グループが小平市に対し投票結果非公開決定の取り消しと投票用紙の公開を求める訴訟を東京地裁に提起
2014年9月5日	地裁が原告敗訴の判決
2015年2月4日	高裁が控訴棄却
9月30日	最高裁が上告棄却。小平市選挙管理委員会が投票用紙を処分

福地健司氏作成

水口さんは運動を振り返り「行政、とりわけ道路行政というのはすごく頑なで、市民の意見を聞く姿勢が全く見られない」と憤る。

「市長は本来なら市民の意見を聞き、それを市長の意見として東京都に伝えるのが当たり前だと思うが、それをやろうとしてくれなかった。また最高裁決定通知のあったその日に住民の意思の籠った投票用紙を廃棄したことにも怒りを覚えた」

その後、水口さんは二〇一七年四月に行われた市長選挙に立候補、「大事なことは市民が決める」と住民自治や環境保全などで市民本位の政治を訴えたが、準備不足もあり敗れた。

水口さんは、二〇一九年四月の統一地方選挙で市議会に立候補、当選を果たした。公約は、①市の主要な計画や、道路など公共施設の建設については基本計画に市民の意見を反映させる仕組みを作る、②情報公開を徹底し、住民投票条例や市民参加条例、公文書管理条例を制定する――などを挙げ、見事上位で当選した。決してあきらめない姿勢を貫いており、意気軒高だ。

住民投票の後も、水口さん達は約一〇〇人規模で玉川上水周辺の自然環境と道路計画をめぐるシンポジウムを開催。住民投票結果の非公開と投票用紙破棄の不当性を継続して訴えている。普通の市民が集まって「道路と民主主義」（公共哲学）について哲学する姿は感動的だ。

第2節　ネット世論調査

開票されず未完のままの住民投票だが、二〇一六年二月に思わぬニュースが飛び込んできた。住民投票の「結果」を推定することのできる研究が公表されたのだった。

早稲田大学社会科学研究科修士課程在籍（当時）の社会人大学院生、福地健司氏（卯月盛夫研究室）が「小平市における都道3・2・8号線の住民投票に関する研究――住民意識調査から『投票率五〇％の成立要件』の意味を考える」と題した論文で、ネットを駆使した世論調査の結果を明らかにした。

長い引用になるが、住民投票の結果を推測する上で重要な研究論文なので、福地氏の許可を得て紹介する（福地論文は以下で全文を読むことができる（http://www.uzukilab.com/wp-content/uploads/2016/02/e2321d9638837391cf1cd11cff09e661.pdf）。

同論文の核は、①開かずの開票結果がどのような内容だったかを世論調査で科学的に推測した、

②五〇％の要件が、有権者の投票行動にどのような影響を与えたのか――について解明したものだ。

方法は、インターネット調査会社を通じて小平市民モニター（一八五五人）に、メールでアンケートを実施。回答は三〇九人（回答率一六・七％）で、住民投票時に投票権を持っていた二七二人を対象に分析した。男女比は男性五〇・二％、女性四九・八％。

◇六四％が「見直し」支持

投票を知っていた二一八人のうち、投票したとする回答は一一八人（五四・一％）だった。投票したと回答した人に、「住民参加で計画を見直すべき」と「見直す必要はない」のいずれに投票したのかとの設問に、**六四・四％が「見直し」**、三五・六％が「必要はない」と回答した。六割以上が「見直し」を支持したという結果がでた。

年代別では、二十代～六十代以上まですべての年代で「見直し」が多かった。三十代が一番差が激しく、見直し一九人、必要なしが六人。男女別では、見直しはほぼ同じ（男性三九人、女性三七人）だったが、必要ないを選んだ人のうち男性は三一人で女性の一〇人と三倍の差があった。

◇五〇％要件が投票行動に影響

論文は、また住民投票を知りながら「投票しなかった」と回答した人を分析した。

「投票しなかった」と答えた人にお聞きします。投票しなかった理由をお聞かせください（複数

世論調査の結果

「投票率50％（有権者の2人に1人が投票）に満たない場合は不成立」という条件は、平成25年3月27日（投票日の60日前）に住民投票の実施が本会議で可決された後、同年4月24日（投票日の32日前）に市長が臨時に招集した市議会で新たに付け加えられたものです。この手続き及び投票率について、どう思いますか?

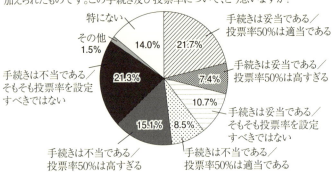

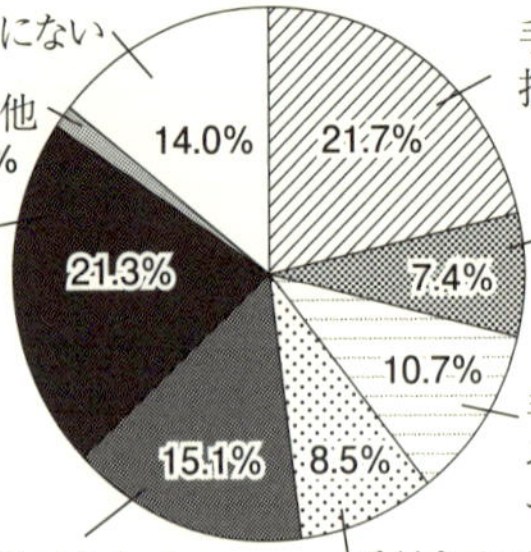

回答、一〇〇％で表示）。

結果は、

①　計画を見直す必要がないから（二八・〇％）

②　投票しても不成立になるから（投票が五〇％に満たない）と思ったから（三四・〇％）

③　自分とは直接関係がないから（二二％）

④　その他（二二・〇％）

福地氏は「投票しなかった」人のうち三四％（全有権者にすると一一・五％）が「投票率が五〇％に満たないと思ったから」という理由で投票しなかった可能性があり、「五〇％の成立要件」の影響を受けていたことが明らかになったと結論付けた。

◇開票すべきだった

福地氏は、五〇％の成立要件の条例改正と、手続きの妥当性について質問した（前頁グラフ参照、端数に違いがある）。

① 要件が適切と考える（三〇・一％＝八二人）
② 五〇％要件が高すぎる（二二・四％＝六一人）
③ そもそも投票率を設定するべきではない（三一・九％＝八七人）
②と③を合計すると五四・四％の過半数の人が、適切ではないと考えていることが明らかになった。また条例制定過程の手続きについて、五〇％要件が「不当である」が四四・八％（一二三人）と「妥当である」の三九・七％（一〇八人）を上回った。

さらに反映させる会と市が情報公開や投票結果の公表で激しく争った問題について、「開票すべきか否か」を聞いた。

結果は**「開票すべきである」が七八・三％（二一三人）と八割近く**、「開票しなくてもいい」の二一・七％（五九人）を大きく上回った。

開票すべき理由について（複数回答）は、「投票結果を知りたい」が七四・六％、「市民に公表するべき情報だから」の七七・〇％が圧倒的に多かった。

福地氏はこれらの結果を基に、「（廃棄）処分された住民投票の内訳の推定値」を試算、「五〇％要件があっても、もし開票が実現していたら、計画見直しYESの比率が六五・七八％と高いことが公表され、（道路計画に）大きな影響があったのではないかと推察される」と結論づけている。

福地氏は念のため、「五〇％の成立要件がなかったら」と仮定した場合も推定。「投票しても不成立になる（投票率が五〇％に満たない）と思った」から棄権したという人三四％を勘案すると、投票率は五五・八八％になるという結果を得た。福地氏は、条件を加味すると、「計画見直し」投票が六一・一八％と過半数を超えていた可能性があるとみている。

◇ドイツでは二五～三〇％条件に緩和

福地氏は、住民投票の先進国ドイツの状況を紹介。五〇％の成立要件が付された時代もあったが、「投票ボイコットで住民投票が形骸化」したため、一九七五年に「全有権者の三〇％の絶対得票率」に変更されたことや、最近では二五％に設定している州が増えていることなど最新のトレンドを紹介。

「わが国での住民投票では、ドイツで約四十年前になくなった成立要件をいまだに採用している」と問題視した。

そのうえで小平の住民投票についても、「**大きく捉えれば公共事業の妥当性を問う普遍的なテーマだった**」**と位置づけ**、「**五〇％要件は為政者による**『**政治的細工**』という認識を、小平の住民**投票に注目した多くの人が抱いた**」と疑問を投げかけた。

最後に「開票結果は議会によって考慮され、自治体のよりよい将来のための糧とするべきであろう」と結んでいる。

第3節　生態系の宝庫

（創太ファミリーが電車に乗って鷹の台駅に来た。小平中央公園から森林緑地、玉川上水と散策した）

創太　小平の運動は、市民が「道路問題」を哲学しているんだね。

父　草の根民主主義のお手本だね。小平市役所の調査では、小平に住みたい理由の一番は「自然環境が良いから」と答えた人が六割もいたそうだ。ほら、そこが雑木林だ。ここに『みんなのどんぐり林マップ』（左頁写真）という素敵な冊子があるんだ。

創太　ホントだ。色鉛筆で書いたのかな。きれいだね。どんぐり林のなかま達か。カブトムシやヒグラシ。鳥もアオゲラ、アオバズク、オナガ、メジロ、ヤマガラ、エナガとかいっぱいいるね。隣の玉川上水ではカワセミ、コサギ、夏はオオルリ、キビタキとかも渡ってくるんだね。冬鳥もシベリアからどんぐり林で休憩するのか。きれいだな。

望　聞いているだけじゃ、単なる散歩道と思っていたけれど、実際に来てみると、これってもしかして東京に残っている数少ない生態系の宝箱じゃない。地元の人たちが道路に反対するのも理解できる。

父　そうだね。武蔵野の自然環境をかろうじて残しているこの雑木林は観る人が観ると、とても価値のあるものなんだ。本当のことを観る眼が大事だね。生態系の宝箱か。なるほど。三六メートル道路ができるとみんなの公共財のはずの自然が失われる。ここで過ごすひと時はお金に換算できないはずなんだけど。昔は畑だった津田塾大学のキャンパスには、いまでは都会では珍しいタヌキもたくさん生息しているらしいよ。新五千円札に採用された創設者の津田梅子さんもびっくりかな。

母　小金井市のハケの保護も同じだわね。道路を計画する役人は、作ることが自己目的になっ

色鉛筆で鮮やかに描かれた林の生き物たち（「どんぐりの会となかまたち」発行）

ていて近視眼的な気がするわね。確かに自動車は便利だけれど、府中街道は既にあるし、東京にわずかに残された貴重な自然とはトレードオフ関係（一方を追求すれば、他方を犠牲にせざるを得ない）ではないはずなのにね。

望 議会（国会・都議会・市議会）もチェックできないのでは、もう司法で判断してもらうしかないのかな。裁判官は、ここに来て木々や鳥・昆虫たちの声を聞き、生命がつながっていることをじっくり体感するべきじゃない。

父 裁判官には、〝営業成績〟をあげるためではなく、日本の将来を見据えた後世に残るしっかりした判決を出してもらいたいね。議会での審議（チェック）もほとんどなく行政内部で自己完結し、「道路怪獣」が暴走を続けては日本には未来がなくなる。

地権者たちは六十年近く東京都に路線変更を訴えてきた。まだ開発がされていない畑ばかりだった四十〜五十年前に見直して府中街道を拡幅しさえしていれば、現在のような紛争にはならなかったはずなんだ。道路が少し曲がっていたって誰も困らないはずさ。

望 みて、森の上に何か光るものが回っている。

父 飛行機じゃないね。悠然と飛んでいるね。ひょっとしてオオタカかな。

創太 〈フフフ、ランポロだよ。光る鳥なんてほかにはいないからね。心配して僕たちの跡を追ってきたのかな。ちゃんと調べているよ、ランポロ〉

第3章　外環PI幻想曲

（神谷家リビング）

望　パパ、これまで見てきたのは行政が上から決めた計画ばかりだけど、道路の計画段階から市民が参加したケースはないの。

父　日本ではまだ試行錯誤の段階だね。ものすごく複雑なケースだけど、東京では外かく環状自動車道路、いわゆる外環（略称、ガイカン）が有名かな。

創太　外環？　何があったの。

父　外環はね長い歴史がある道路紛争なんだ。最初は国が決めた天下り計画だったんだけど、でも途中から国交省と東京都が欧米の市民参加による道路づくりの動きに触発されて、ちょっぴり頭を切り替えてパブリック・インボルブメント（PI、略称ピーアイ）という新しい参加手法を導入した。

望　PI？　難しそうな名前ね。

父　ンー、確かに。道路計画は沿線住民には突然知らされ、驚くというパターンがほとんどだったんだよね。それで生活防衛のために大反対運動が起こる。

創太　小金井も小平もそうだよね。

父　そう。都市計画を作っている役人や一部の政治家（保守系が多い）、利権のあるゼネコンなどには当然分かっていることだけどね、まあ普通の住民は知らない。

欧米でも同じような状況だったんだけど、一九六〇～七〇年代に、激しい反対運動や訴訟の多発があり、道路計画がうまく行かなくなった。そこで道路の構想段階から市民や幅の広い利害関係者（ステークホルダー）の意見を聞きながら計画を作ろうという流れが主流になったんだ。

日本でも、道路を作る構想段階から手続きの透明性（ｔｒａｎｓｐｅｒａｎｃｙ）、客観性（ｏｂｊｅｃｔｉｖｉｔｙ）、公正さ（ｆａｉｒｎｅｓｓ）を確保するため、計画の早い段階、すなわち構想段階から、情報を公開し、計画の目的や提示するたたき台などに関する市民、関係公共団体などの意見を把握し、計画に反映させる手続き（市民参加プロセス）を導入すること、つまりＰＩという手法が検討された。

それを受けて二〇〇二年八月に、国交省が作ったこんな風にＰＩを進めるという「ガイドライン」（指針）に従って、本格的に実施されたのが外環ＰＩなんだ。

望　じゃ、行政と住民の協議や交渉がうまく行われたの？

父　いや、なかなか議論がかみ合わず、途中で事実上空中分解してしまった。パパも取材してみたけど大変深刻な問題があると思い知らされたよ。民主主義にとって重要なケースなので、これから詳しく報告します。

◇外環の概要

東京外かく環状道路は、東京都心の渋滞解消などを目的に、都心から約一五キロ圏で放射方向に約八五キロの高速道を千葉県市川市から埼玉、東京を通り湾岸道路までリング状に連結しようという道路計画。練馬区の関越道大泉ＩＣから埼玉、千葉までは開通（二〇一八年六月）している。最大の問題は、東京都練馬区、杉並区、武蔵野市、三鷹市、調布市、狛江市の住宅密集地を通って世田谷区の東名高速道まで東京の七区市にまたがって延長約一六キロを南北方向に通す区間。

一九六六年に地上の高架方式案が計画されたが、地元自治体と計画予定地周辺住民から猛反対にあい、一九七〇年十月、当時の根本龍太郎建設大臣が参院建設委員会での答弁で「交通公害など沿線住民の生活環境に対する対策ができるまで、環状道路の都内部の用地買収計画などは当分ストップする」と事実上の凍結を宣言をした。その後も部分的に半地下にするなどの修正計画が浮上したものの、いずれも立ち消えとなった。

ところが、一九九九年から国交省・東京都などが、技術の進歩を背景にしたシールド工法による全面地下方式案による計画を立てた。

二〇〇七年四月に「大深度地下トンネル方式（最深で地下約七〇メートル）」にするという都市計画変更が決定した。総事業費は二兆円とも三兆円ともいわれる超ビッグプロジェクトだ。「一メートルに一億円」という試算もある。大深度方式とは、地下四〇メートル以深（四〇～七〇メート

東京外環自動車道図

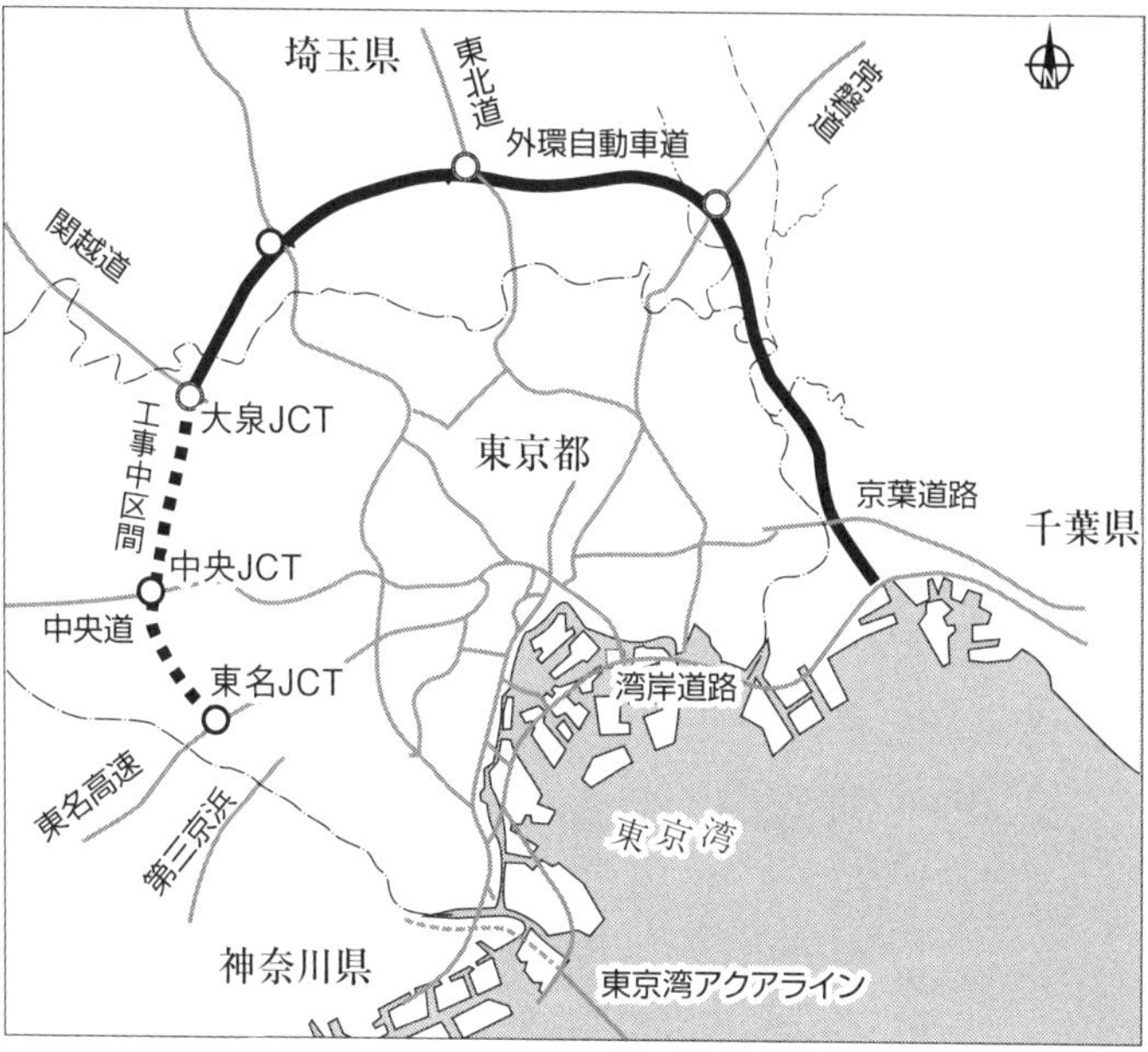

ル）に、直径約一六メートル（五階建てマンションの高さとほぼ同じ）のトンネル道路を二本掘るというもの。下水道管や通常の地下鉄よりも二〜三倍深い。

世界でもほとんど前例がなく、地下水脈切断、地下水汚染・枯渇、地盤沈下・隆起などの不安が沿線住民から指摘されている。地質専門家によると、「日本の土木業界は上物は得意だが、土壌研究はそれほど進んでいない」という。ボーリングサンプルの少なさなどで住民の間では前例のない大規模なトンネル工法への不安と懸念が存在する。

外環の元々の原計画では、高速道（以下「本線」と呼ぶ）は高架方式で、その下を利用した側道（以下「外環の二」と呼ぶ）とセットで建設される予定だった。

本章では「本線」が地下化される過程での、国交省や東京都、住民との話し合い、つまり民主主義プロセスを中心に報告する。

東京外環自動車道工事区間図

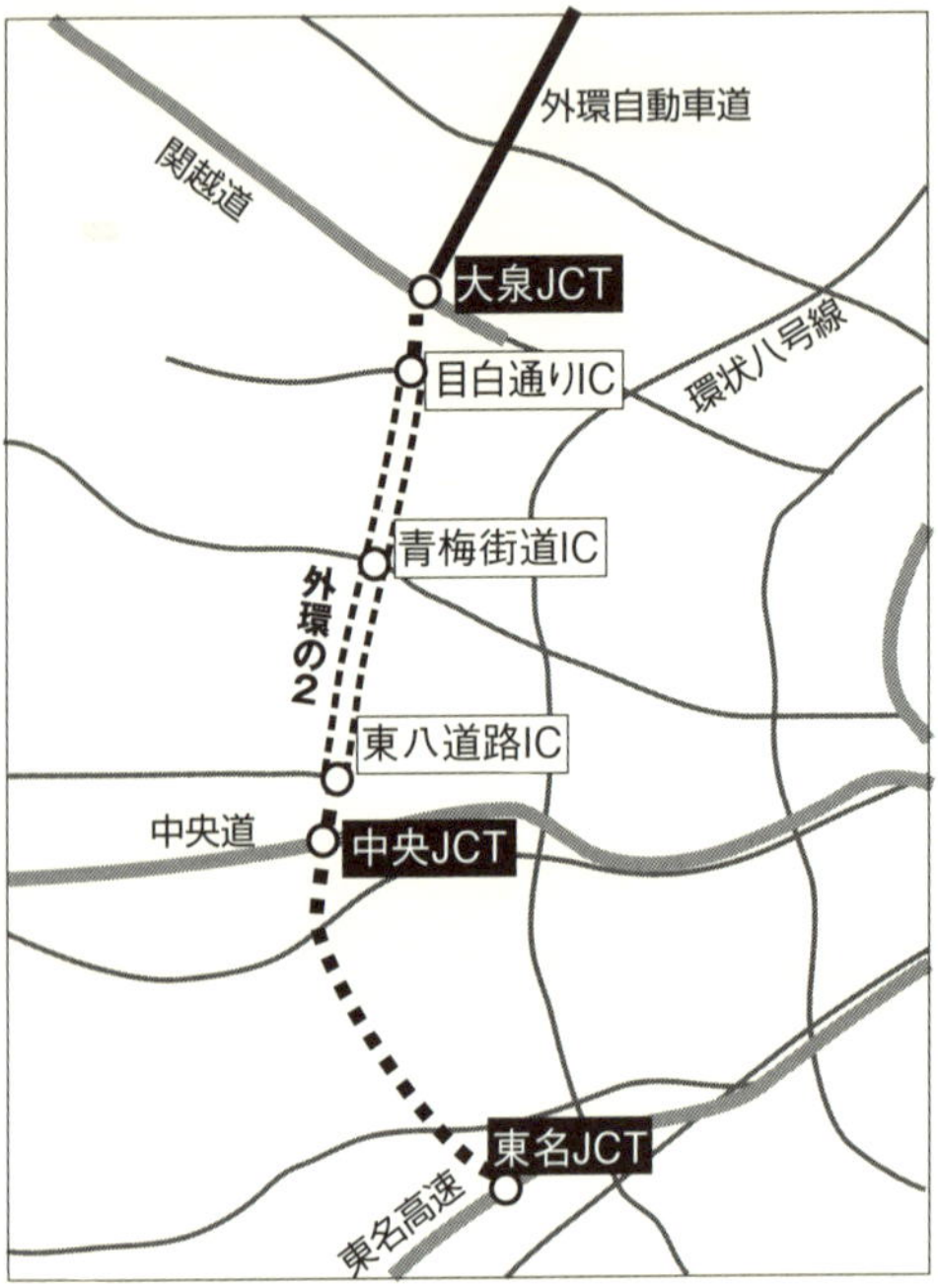

（一部ICは未確定）

外環道を巡る年表

1960年頃	外環道路ルートで4つの案を検討
1966年	東京都都市計画審議会で都市計画決定（54対50)、同時に側道（都道「外環の2」）が決定（建設大臣は行政臨時特例法で計画決定を告示＝第4章を参照）
1967年	外環道路反対連盟、再検討を求め住民集会（約600人参加）
1970年	建設大臣が「凍結」宣言
1979年4月	鈴木都知事誕生（美濃部氏からバトンタッチ）
1986年	埼玉区間（三郷IC～練馬区大泉JCT）と都市計画決定
1987年	外環道路反対連盟「白紙撤回」を求め1000人集会開催。
1994年	埼玉区間全線開通
1997年	国と都の「外環道路懇談会」地下化検討
1999年4月	石原慎太郎都知事誕生
6月	官民学がパリ都市交通シンポジウム参加（外環道路反対連盟3人も参加）
10月	石原慎太郎都知事が外環計画沿線を視察
12月	石原知事、都議会で地下化を示唆
2000年	東京都「メガロポリス構想」公表（中央、外環、圏央道の3環状線）
4月	30年ぶりに三鷹市などで対話集会
2001年1月	扇千景国交相が計画沿線を視察
4月	国と都が計画変更のたたき台を公表
5月	扇国交相、国会で過去の経緯について「遺憾」の意を表明
9月	PI協議会準備会開催（9回開催）
12月	有識者会議
2002年6月	PI協議会スタート（42回開催）
2003年1月	国と都がICなし地下化案を発表
3月	国と都が1月発表を修正、トンネル径を16mに縮小、青梅街道IC開設、地上部「外環の2」の整備も検討すると発表
2005年1月	PI協議会をPI会議に鞍替え（26回開催）
9月	国と都が都市計画変更案を公表。大深度地下方式を採用、東八道路、青梅道路、目白通りとの接点にICを、また関越、中央、東名自動車道との接点にJCTを設置する
2007年4月	外環道の都市計画変更決定
12月	国土開発幹線自動車道建設会議（国幹会議）で基本計画策定
2008年	計画段階に移行 沿線自治体別に「地域課題検討会議」（地域PI）を実施
2012年9月	東名JCTで着工式

第1節　ＰＩの導入

一九六〇年代から外環に反対してきた住民・市民団体が「外環道路反対連盟」だ。代表理事の濱本勇三さん（武蔵野市）らに話を聞いた。濱本さんらは後述するＰＩ協議会、ＰＩ会議のメンバーでもある（本章では主として反対運動の「チャンピオン」組織として反対連盟を取り上げるが、外環本線、外環の二をめぐっては各地で多数の反対運動団体が存在する。裁判も各地で起こっている。大深度地下工事は着々と進んでいるが、反対運動は終息したわけではなくむしろ増えている）。

濱本さんは、元々は福井県出身で、結婚後、奥さんの実家の武蔵野市に移り、家業の不動産業に関わった。実家の脇が外環道路建設予定地で、義父が反対連盟に参加したこともあり、反対運動を引き継いだ「第二世代」に属する。

濱本さんは、埼玉側（三郷ＩＣ～練馬区大泉ＪＣＴ）の建設が進む中、「次はいよいよこちらに来る可能性があると、一九八七年（昭和六十二年）六月に近くの三鷹市の立教女学院講堂で『通すな外環一〇〇〇人集会』を開催しました。そこで反対連盟の事務局員だったのですが、司会を務めたりしているうちに、代表理事を引き受けることになりました」と語る。

しかしその後、国や都からアプローチがあったわけではなく、十年ほどが経過した。動き出したのは、一九九九年四月、石原慎太郎都知事が誕生して以降だった。

朝日新聞社からフランス・パリで六月に「東京・パリ都市交通シンポジウム」を開催するが、

一人招待したいと参加を打診された。パリの環状道路計画と反対運動の実情視察も兼ねており、反対連盟からは濱本さん、渡辺俊明さん（調布市）ら三人が参加することになった。

シンポジウムには、反対連盟のほか、なぜか国交省と東京都の道路担当者らと、日本のPIのパイオニア的存在である屋井鉄雄東工大教授（現副学長）らも参加した。

「呉越同舟」の日本の官民学の参加者らは、パリの西方約一〇キロにあるナンテール市の環状道路A86と放射14号をめぐる道路紛争を視察した。

戦後、パリ首都圏（イル・ド・フランス地方）でも高速自動車道路計画に住民から猛烈な反対運動が展開された。一九九二年に当時のビアンコ設備住宅建設大臣が「高速道路、鉄道などの公共工事の計画遂行に当たっては、**透明かつ民主的な討議をすること**」という趣旨の通達（「ビアンコ通達」）を出した。

通達後にナンテールでは、住民との話し合いを経て、一九九四年に高架・地表方式から、かなりの部分を地下方式に変え、掘削も騒音や景観に配慮した工法が採用された。フランスは伝統的に官僚の力が強いとされる行政風土だが、それでも住民との計画段階での対話が必須となった。ナンテールで反対運動を展開した住民から直接話を聞いた渡辺さんたち三人は「日本でもこうした対話や工法・ルート変更ができるなら、行政とのPIがありえるかもしれない」という期待感をもったという。外環PIは、ナンテール視察から始まったのだった。

就任して半年後、一九九九年十月には石原都知事が武蔵野市などの計画予定地を視察。十二月には都議会で「外環の地下化を基本とし、計画の具体化に取り組みたい」との意向を表明した。

実はこれより先、国や都は欧米の動向を踏まえ、一九九七年九月に「外環道路懇談会」を開催。地下化（工法変更）を検討するとともに、ＰＩ的な手法を使った住民との対話（参加型手法）との「セット」で、三十年近く凍結した状態に突破口を開く作業を水面下で進めていた。

二〇〇〇年二月には建設省（当時）関東地方建設局が広報誌『外環ジャーナル』を発刊し、住民向けに情報発信を始めた。国と都がＰＩを仕掛けた格好だ（『外環ジャーナル』は以下で閲覧可能。http://www.ktr.mlit.go.jp/gaikan/gaiyo/keika/keika_b15.html）。

第2節　三十四年ぶりの交渉＝ＰＩスタート

二〇〇〇年四月に国・都と沿線住民の話し合いが都市計画から実に三十四年ぶりに開催された。場所は三鷹市などで計三回開催。建設省は関東地方建設局長ら四人、東京都は都市計画局長ら四人、住民代表は、反対連盟の濱本氏ら二〇人。沿線七自治体の担当者がオブザーバー参加。

東京都の都市計画局長は「東京のまち全体のことを考えると、外環はぜひとも必要なインフラだ。（中略）外環の構造を現在の高架方式から地下方式に変更することを基本として皆様方のご意見を伺ってまいりたいと考えている」「もっと早い段階で皆様方とこのような場を持つことができなかったことについて率直に反省をしている」とあいさつ。

関東地方建設局の局長も「凍結宣言がなされてから三十年間、皆さまと話し合う環境、場を持てなかったことを非常に残念に思っている。この間、皆さまのご心労、ご不便に対して、余りあるものがあると理解している。建設省としてはさまざまな方々の意見を聞きながら、計画に反映していこうと東京都とともに新しい道づくりに取り組んでいきたい」と述べた。

これに対し、反対連盟の濱本さんは「連盟はいかなる構造でも、この場所、ルートには環状道路は要らないと考えている。計画発表から都市計画決定までの経過について住民を無視した国、都の行為に対し、怒りを覚える」「高架の計画を断念した以上、この道路計画は誤りであることをまず反省し、責任を明確にした上で、計画を白紙に戻し、住民と国、都は信頼を回復してゼロから出発すべきだ」と「そもそも論＝白紙撤回」を主張。前途の難航が予想された。

ところで、一般都民は「ＰＩ的なるもの」をどう考えていたのか。国と都は「外環アンケート調査」を実施。『外環ジャーナル』二〇〇〇年九月号で、結果を明らかにした。それによると、「首都圏の渋滞がひどいと思っている」者が約九二％、「環状道路を整備すべきだ」が約八一％だった。

一方、計画の初期段階から関係自治体や住民を入れた「新しい検討方法」では「検討すべきだ」が三三・九％、「内容や進め方によっては検討をしても良い」が五七・五％で合計九割以上がＰＩ手法に一定の理解を示す内容だった。国と都が、反対連盟と話し合う社会的機運が整ってきた。

二〇〇一年一月、石原知事から勧められたという扇千景国交相が三鷹市と武蔵野市の予定地を視察。大臣視察は一九六八年（昭和四十三年）の保利茂建設相以来、実に三十三年ぶりだった。

視察時に扇国交相は「話し合いは継続していきたい」「計画決定時とは、東京の交通状況や技術力なども大きく変わっています。高架ではなく地下につくることも選択肢の一つ」と語った。面談した住民からは「凍結解除について軽々しく扱わないでほしい」と意見が出た。

これに対し扇国交相は「私は皆さんに反対するなとか賛成してほしいというためにここに来たわけではない。いろいろな意見があるのは当然です。（中略）東京の車は過密状態で、環状道路が不足して迂回することもできず、都内を走る車の一四％が、ただ東京を通過するだけ、という状態は考え直さねばならない」。

第3節　ボタンの掛け違い

二〇〇一年四月に、関東地方整備局と都都市計画局が「東京外かく環状道路の計画のたたき台――幅広い議論のために」（以下、たたき台）を発表した（http://www.city.mitaka.tokyo.jp/c_service/003/attached/attach_3798_1.pdf）。

問題は、たたき台の文面のあいまいさにあった。

たたき台は「外環道路について、原点に立ち戻って、計画策定の初期段階から皆さんのご意見をお聞きし、計画づくりに反映させていく『新しい検討方式』（注：ＰＩと思われる）で検討します。現在の計画は、都市計画決定後三十五年が経過し、その後の社会状況、地域の状況、土木技術力などが大きく変化していることから計画を見直すことが必要です」とした。

そして、たたき台の「五つのポイント」で、①現在都市計画決定されているルートを基本に検討します、②構造を地下に変更、③ＪＣＴ（ジャンクション＝分岐合流点）は三カ所、ＩＣ（インターチェンジ）は地域の意向などを踏まえて検討、④地上部の利用は地域の実情や意向を踏まえて、

⑤地下化で懸念の大部分が解決できるが、環境への影響を最小限にするよう努める――とした。
外環の予定地の地域住民らは、地下化とともに、地上部の利用の検討メニューで右下に示された「現状の市街地を維持することができます」というイメージ図（次頁、矢印）と説明に、「これなら立ち退く必要は少なくなり話し合いの余地がある」と、反対姿勢を若干軟化させたという。

たたき台の「原点に立ち戻って」は、反対連盟の立場では、「ゼロに戻して、それから地下化の是非や複数のルート案なども再検討する」ことだった。

しかし、国と都は、ルート変更はしないことが大前提としている。これ以降、そのあいまいさ、当事者間の思惑の違いなどが大きな裂け目となって表出することになる。反対派住民にはいわば「マイナスからのスタート」だったのに、国と都は「ルートは同じで地下化が前提」だったから、最初から「ボタンの掛け違い」が生じていたわけだ。

そして五月に扇国交相が参院国交委員会で、過去の経緯について「住民の中にもご不便をおかけしておりますことを、本当に私は遺憾なことだと思っております」「原点に立ち戻って、より多くの皆さん方と話し合いの場を設け、多くのご意見をお聞きし、新たな出発点にしたい」と表明。いよいよＰＩプロセスに向けての環境が整った。

第４節　ＰＩ協議会

国都の「仕掛け」と、「原点に立ち戻って」「ナンテールのようなＰＩ」実施を信じた反対連盟

計画のたたき台

地上部の利用について（検討するためのメニュー）
公園や歩行空間を整備する場合
公園や歩道など、安全で緑豊かな公共空間を整備します
バス路線など公共交通を整備する場合
バスなど公共交通サービスの充実を図ります
幹線道路を整備する場合
緑地を備えた便利な道路を整備します
住宅・地域コミュニティを維持する場合
住宅などに利用することができます
現状の市街地を維持することができます
※開削ボックス構造の場合、移転が必要です。

出典：関東地方整備局、都都市計画局計画作成。たたき台パンフレットP6、2001年4月

の間で、交渉の前提となる「ＰＩ外環協議会準備会」が二〇〇一年九月にスタートした。計九回開催された。住民側代表は七人で、大半は反対連盟だった。

準備会の議事は公開されていない。この問題を研究している玉川大学の小山雄一郎教授（交通社会学）らの研究論文「大都市圏における道路建設と合意形成過程――東京外かく環状道路計画の事例から」（以下「事例から」）を参考にする（小山教授にはお忙しい中、取材に応じて頂いたほか、多くの資料や論文などを提供していただいた。「事例から」は『ポスト成長期における持続可能な地域発展の構想と現実――開発主義の物語を超えて』〈二〇〇五年三月、町村敬志一橋大教授〉に第三部として収録されている）。

「事例から」によると、準備会合では①信頼関係の重要性、②ＰＩの手法そのものについても協議会で議論する――ことなどが話し合われた。

濱本さんによると、まさに「手探り状態」だったという。

注目すべきなのは、「ＰＩ協議会設立に向けた確認内容」と題する「確認書」が文書化されたことだ。

【基本認識】

(1)「原点」について。実質的には現在の都市計画を棚上げにして、昭和四十一年都市計画決定以前の原点に立ち戻って、計画の必要性から議論する。

(2) 必要性の議論については、計画ありきではなく、**もう一度原点に立ち戻って計画の必要性から検討する。**

(3) 協議会は結論を出す場ではない。公開して進め、多くの人に議論の内容を知ってもらう。

(4) プロセスを経た結果、社会全体として外環計画の意義がないという社会的判断が下されれば、事実上、計画を休止することもあり得る。

【協議会の基本的考え方】

(1) ＰＩ方式で話し合う。

(2) 話し合いの内容：必要性の有無（効果と影響）について話し合う。具体的には、「首都圏における自動車交通について」「外環を整備する場合の効果」「費用対効果」「環境に与える影響」「生活に与える影響」。

◇ＰＩ協議会が発足

準備会合を経て二〇〇二年六月六日、ＰＩ外環沿線協議会が発足、第一回会合が開催された。住民代表は七自治体からの推薦などもあり、合計二三人（途中で入れ替わりあり）、うち八人が反対連盟のメンバー。町会会長や商店街組合の役員。運送業や不動産関係者らが賛成派。世田谷区からは中立派の歴史・環境団体「喜多見ポンポコ会議」の代表らが入ったことが注目された。自治体は各区・市の都市整備部長クラス。国交省と東京都は四人ずつ。

結論を先取りして言うと、期待されたＰＩ協議会だったが、「海図なき」航路に乗り出したものの、船長が不在で、迷走を重ね、後継のＰＩ会議でも状況は改善せず、座礁してしまった（詳細は協議会の議事録を参照）。

濱本、渡辺両氏へのインタビューと、小山教授ら「事例から」などの研究からＰＩ協議会の経過をまとめておく。

【住民代表の質】

濱本さんは「ＰＩの運営方法についても協議会で一からやろうと言っていたが、果たせなかった。参加住民も、反対連盟だけじゃなく、賛成も中立も色々いる。しかもＰＩがどういうものか、その在り方について、反対連盟のメンバーはパリとかいって学習会もやり一定の理解はあったけれど、（他のメンバーには）ほとんど理解できてない人もいる状態でね。また準備会合での確認も共有されていない。各自が言いっぱなしだった。議論がかみ合わないままだった」と振り返る。

【信頼関係】

「信頼関係の構築」も行政の都合による人事異動で失われた。第一回から三回会合で、協議会の規約や運営細則が話し合われ、「当面の」司会進行役として東京都のＩ担当課長が決まったが、その直後の第四回会合で人事異動で転出することが明らかにされる事件があった。

濱本さんらは「これまでの経緯が分かっている人が、役所の都合で突然いなくなると、信頼関係が築けない。これまで積み上げてきたものを軽視するものだ」と批判した。

【協議会の運営】

協議会の運営も役人中心の事務局が担った。議論はあったが、結局、すべてを役人が仕切る体制だった。

【原点の認識のずれ】

一番大きな問題は、やはり「そもそも論」問題だった。

国と都のたたき台の「原点に立ち返って」は、ルートは基本的に原計画であり、準備会合で反対連盟が主張したのは「ゼロ案」を含む、複数のルートの検討など、現在計画以前に戻っての再検討だった。結局、協議会では「原点」はほとんど話し合われなかった。

「二〇回以上、原点に立ち戻ってと主張したんだけどね」と濱本さん。

第5節　ホトケの顔も三度まで

国と都の「本音」が、協議会が始まってわずか八カ月後と、十カ月後に相次いで表面化する。

【第一の方針変更】

国交相と都知事は二〇〇三年一月十日、「外環道路に関する方針について」を突如公表した。二〇〇二年に協議会とは別に設置されたＰＩ有識者会議（御厨貴委員長）からの提言を受け、①地下構造で早く・安く完成するよう十分配慮する、②検討に当たって、トンネル構造を「たたき台」の一八メートルよりも縮小する、③ＩＣなしを基本とするが地元の意向を踏まえて検討する――という内容。

【第二の方針変更】

二カ月後の三月十四日、二度目の「方針」が再び突如公表された。内容は、①本線はシールドトンネルと三つのＪＣＴを基本構造とする、②トンネル構造を縮小し約一六メートルとする、③地上部への影響を小さくするため、大深度地下を利用する、④青梅街道ＩＣ設置について、地元の意向を把握する、⑤青梅街道から目白通りについては、地上部街路の設置を検討する――とされた。

ＰＩの前提だったはずの「原点に立ち戻って」必要性から議論しようとする人々にとって、一方的な「爆弾宣言」だった。

住民代表らは当然、反発した。濱本さんは三月に意見書を提出、「ＰＩ協議会で必要性の議論にならぬうちに、国交相は『大深度で施工する』などと一方的に表明、都知事も凍結解除を期待する発言を行った。関係者が原点から真剣に話し合いをしている最中に、その歩みが遅いとじれて公示することを当然視し、工法に言及されるのはルール違反ではないでしょうか。大臣や知事にはそんな権限が付与されているのですか。大深度でもジャンクション部分は地表に出ます。一人も立ち退かなくてもよいのならば別ですが、この工法でも被害者は出ますよ。（中略）行政と政治家が自分たちの都合で三十年以上も放置していたのに、実現の可能性がでてきたら、一カ月でも早い着工を急《せ》かす。そこには少数者・弱者を思い遣る政治家の姿はなく、自分勝手で高圧的な人間の存在が際立ち、寂しい限りです」と抗議した。

協議会は六月に「中間とりまとめ」を発表、「一方的発表は沿線協議会で積み上げてきた相互の信頼と成果を全面的に否定し、存続そのものを危うくするものだ」とし、「信義に反する」と強く抗議した。

【第二の方針変更】

しかし追い打ちをかけるようにそれから一カ月後の二〇〇三年七月十五日に「環境アセスメントの方法書縦覧および実施」が発表された。

協議会では、いずれ環境アセスの方法などを議論することにしていたが、突然の発表は、大規模深度地下方式を前提にしたアセス手続きに踏み出したことになる。

第二四回（七月二十四日）協議会会合では、反対連盟から「昭和四十一年に突然都市計画が決定された時と一体何が変わったのか。何が反省されて、どうしてPIをしようという気になったのか、どうもよくわからないんですね。突然方針を発表してみたり、アセスをするといってみたり、一体何が変わったのでしょうか。PIをどういうふうに考えているのか、このPI協議会の位置づけはどうなっているのか、ただ聞くふりをしているだけなのか、ぜひその辺をお聞かせいただきたい」と、「信頼関係の崩壊」（小山教授）という事態に立ち至った。

そして**反対連盟の代表七人**（一人欠席）**全員が抗議の意思を表すため、会合を退席する異常事態に発展した。**文字通り「ホトケの顔も三度まで」である。協議会は、その後二カ月中断されることになった。

第6節　「ペテンとインチキのPI」

協議会は国と都の背信行為にもかかわらず四二回開催された（最終は二〇〇四年十月、「二年間のとりまとめ」公表）。

さらに組織の「仕切り直し」で二〇〇五年一月に今度は「PI外環沿線会議」が発足するが、メンバーなどはほとんど協議会と同じだった。

濱本さんは「PIが無意味だったとは思わない。本格的なPIで初めて行政と住民が対話し、住民の意見が議事録などで表に出たという成果はあった」としながらも、全体としては「住民同士でも言いっぱなしで終わり、行政も宿題を出してもまともに回答さえしない。これではPIと名ばかりで、似て非なるものだ」と総括する。

「連盟は反対のための反対はしないという組織だ。一九六六年（昭和四十一年）の計画前には四つの複数ルート案があった。現在の計画道路は、環状8号線とわずか約二キロしか離れていないでしょう。近すぎませんか。本来なら、もう少し距離を空けてもっと西の府中とか立川の方が外環計画としては合理的だったはずだと思いますよ」とPIのプロセスで代替案が検討されなかったことがいまでも悔しそうだ。

反対連盟の渡辺さんは「PIがこうなるというのは早い段階で分かった。ただ被害家屋は当初計画では約三〇〇〇戸だったものが、反対運動で地下化し約九五〇戸に減ることは一定の成果ではないか」と冷めた見方をしている。

PIにゴーサインを出したと自負する扇国交相は「平成十五年六月、約一年間の討議の成果として『中間とりまとめ』が私の手元に届きました。報告によれば、最初の頃は、話し合いがどうしてもぎくしゃくしがちで、能率が悪かったそうですが、やがて互いの立場や意見を尊重して、中身の濃い討論が行われるようになったそうです。ハンタイのための反対とか、サンセイのための賛成は姿を消し、外環の必要性や環境の問題、東京の交通問題をどう考えるかなどについて、討論を重ねていただいています」（扇千景『決断のとき』、二〇〇七年、世界文化社刊）と楽観論を述べている。

中間とりまとめでは国都の「爆弾方針」表明への不信感が記録されており、扇氏が役人から付度された報告を受け、だまされたのだろうか。また「中間とりまとめ」をどこまできちんと読んでいたのか疑問だ。担当官庁トップの認識がＰＩ協議の現実とかけ離れていることに、民主主義の将来に不安を覚える。

江戸時代の落首ではないが、巷には「ＰＩは、ペテン（Ｐ）とインチキ（Ｉ）にすぎなかった」という言葉もあるそうだ。為政者には耳が痛いのではないか

第７節　ＰＩ失敗の本質

なぜ外環ＰＩは事実上「失敗」したのか。小山教授は二〇一二年十二月に「外環道計画から市民参加を考える」と題して講演した中で、「外環ＰＩの問題点」を分析している。

それによると問題点を七つ挙げている。

(1)　ＰＩ協議会・会議における**議論の前提のズレ**。国交省・都・各区市＝地下化案の是非を問おうとしたのに対し、沿線住民は「道路の必要性」そのものを問題視した

(2)　行政の強力な主導体制下における市民参加

①ＰＩプロセスそのものへの統制、②知識・情報・データの占有（住民と非対称）と不十分な公開性、③応答責任・説明責任の不徹底
(3)　専門家・第三者機関の位置づけのあいまいさ
(4)　市民参加過程を無視した政治過程
(5)　最終的な計画と市民意見との関係の不明確さ
(6)　非法定手続きゆえの実効性の弱さ
(7)　生活者（地域住民）の視角を基にした知識・経験の軽視

小山教授は、その上で、情報提供から意見聴取、形だけの応答レベルの「形式だけの参加」が達成されただけであり、「意思形成に関する『意味のある応答』がなかった。第三者機関も機能しなかった」と、結論づけた（注：形式だけの参加は、第8章でも取り上げる）。

第8節　東京都の裏切り

これまで外環の本線をめぐるＰＩについて見てきたが、「もう一匹の道路怪獣」が住民を不安に陥れている。外環本線が地下化したので、沿線住民や自治体の多くが「当然なくなった」と思い込んでいた地上部の側道「外環の二」を東京都が断念しないためだ。

思い出して欲しいのは二〇〇三年一月に出された国と都のＩＣなしの「方針」が、わずか二カ月後の三月の「方針」で、青梅街道ＩＣを認めたほか、目白通りから青梅街道の地上部道路が明

記されたことだ。

　東京都都市整備局の「外環の二」の都市計画に関する方針では、①目白通りから青梅街道で、二車線、幅二二メートルの道路整備、②三十年以上整備が遅れた西武上石神井駅周辺のまちづくりの方向性を踏まえる、③青梅街道からバイパスの東八道路までの区間（合計九キロ）を検討する――とした。

◇生き返った「外環の二」

　死ぬ運命だったはずの「外環の二」が形を変えてよみがえった。外環本線が地下化すれば、地上部の住宅でそのまま暮らせると思い込んでいた住民や関係自治体は猛反発した。

「事例から」によると、ＰＩ協議会は、東京都のまさかの「変節」で荒れた。都にすればたたき台（五つのポイント）で最初から「留保条件を付けていた」と反論するかもしれないが。

　反対連盟だけではない。さすがにたまりかねた行政代議員の杉並区都市整備部長も「今外環は高架で都市計画決定されていますよね。それが大深度で都市計画変更されれば、基本的には上の部分は消えるというふうに理解して、消えるという前提で、地元区なり地元住民の意向でそういう整備の方向性も考えられるという理解にしていかないと」と疑問を呈した（二〇〇三年四月、第一七回会合）。

　しかし東京都は、本線とは一体ではなく別物であり、「高速があろうがなかろうが、街路のネットワークとして必要なものと位置付ける」と強弁。第一八回会合では「**今の都市計画**（**昭和四十**

一年決定）**が厳然として法としてある**わけでございますから、これがないことを前提にしながら議論しようというふうなことであれば、それは都市計画に携わる者としてはできないお話しでございまして」と、「国家高権」丸出しの発想を開陳したのだった。

このため第一九回会合では、「申し合わせ」として以下を決めた。

(1)　今、議論している高速道路の必要性の有無と、地上部街路の議論は切り離し、高速道路の議論がある程度集約した段階で地上部街路の議論を行う

(2)　地上部街路については、街路の機能として不必要な部分は廃止し、必要な部分は整備することとなる。その際、高速道路と地上部街路を合わせて都市計画変更する

東京都の「外環の二」整備の主張は、ＰＩ協議会での議論としては、〃分離・先送り〃することが決められた。

◇「練馬問題」

背景には、これまで外環の埼玉地区での整備で地元対策を要望していた練馬区が、①「地下で素通りは困る」として本線と青梅街道を結ぶＩＣ整備、②国と都から補助金を当てにできる地上部街路整備と合わせたまちづくりへの支援――が認められなければ、「外環道計画そのものに反対する」と強訴したことにあるとされる。研究者や関係者は、これを**練馬区の特殊利益を優先した「練馬問題」**と称している。

練馬区の地元地主層の意向（「その二」プラス地区再開発）が反映したという見方もあるようだが、

同区の地権者の中でも都の姿勢を疑問視し、提訴している人もあり混迷を深めている。「外環の二」で練馬部分が認められれば、計画はさらに南下し、バイパスの東八道路までの約九キロを整備する可能性がある。

東京都の頑なな態度は、ＰＩ協議会、後継のＰＩ会議での議論にもマイナスの影響を与え、「信頼関係の崩壊」を加速させた。

東京都は、ＰＩとは別途、武蔵野市や練馬区、杉並区で「地上部街路に関する話し合い」をスタートさせたが、住民の不信感は以前にもまして強く、議論が進まない状態に陥った。

反対連盟の渡辺さんは「都が話し合いをぶち壊した」と怒り心頭だ。濱本さんも「練馬区がまちづくりで外環の二を持ち出した。練馬区のまちづくり計画だから、勝手にやってもらいたい」と憤りを隠せない様子だ。

本線では環境への懸念で訴訟が起こされているが、「外環の二」でも青梅街道のＩＣ、決定の取り消しなどを求め次々に住民が行政訴訟を起こしている。外環は「訴訟の渦」の中にあるといっても過言ではない。東京都の責任はあまりに重いと言わざるを得ない。

第4章　道路と戦時体制

（神谷家リビング）

母　外環では一応ＰＩ手法で計画段階からの民主主義が試みられたんだよね。どうしてうまくいかなかったのかしら。

父　一つには、日本の役人はいったん決めたことを変えたがらない風土がある。もう一つは法律の問題があると思う。役人は法律に基づいて行動するからね。

望　どんな法律なの。

父　それは前に言った行政法というものだよ。特に道路問題では、都市計画法というのがくせ者だね。

創太　名前からして難しそうだね。ところでくせ者?って、どんな風に。

父　現在の都市計画法（一九六八年＝昭和四十三年成立）では道路などの原案作成時に、一応、住民らの意見を聞くことになっている。ただ役人以外では、民間ではゼネコンや不動産関係者とか仕事で専門に関わっている人以外、ほとんどの人は知らないね。この法律では住民は行政に協力を求められているんだ（第三条二項）。
母　〝天下り公共事業〟でも国民には協力しろってことなの。
父　そんな風にも読めるね。でもねこの都市計画法はまだ日本国憲法の下で出来たからましな方なんだ。何せ百年前の法律に我々はいまだに縛られているんだ。
望　百年前の法律？
父　今の都市計画法ではなく、一九一九年（大正八年）にできた最初の都市計画法で、旧都市計画法という法律だ。一九二三年の関東大震災の前にできたんだが、実はこの旧都市計画法の下での決定が、道路計画ではいまだに生きているんだ。
母　新法ができたら切り替わるんじゃないの。
父　新しい道路計画や、幅員が拡大したり元の計画が大幅に修正された場合はそうなんだけど。昭和四十三年以前に決定された道路計画は、旧法で決定されたのだけれど、いまだに有効というわけさ。
旧都市計画法には、国民の意見を聞くなんてどこにも書いていないんだ。つまり役人が、地図で線を引いてそれで一丁あがり、住民や市民との「合意形成」なんて不要というわけなんだ。
望　つまり小金井の3・4・1も3・4・11道路も昭和三十七年に決定されているから旧都市計画法で決められたということね。その決定が五十年以上も見直されずに生きている。
父　そうそう。半世紀以上も前の決定なんだよ。旧都市計画法のできた時代は、天皇が主権者で、国民は臣民（家来）という位置付けなんだね。だから旧都市計画法のどこにも国民のコの字もでてこない。国民は事業の単なる受益者、下々はオカミのやる事業をありがたく受けよ。土地を買収で取り上げられても多少のこと（被害）は我慢せよということなんだろうね。戦後、国民主権の日本国憲法の時代になってもこの旧都市計画法が二十年以上生き続けたんだ。でもこの問題を調べて、もっとすごいことが分かってきたんだ。

創太・望・母三人　すごいことって。

父　それはこれからご報告します。

第1節　適正手続きの痕跡なし

◇旧都市計画法の手続きの流れ

まずこの法律の仕組みを理解しておこう。旧都市計画法の第一〜三条を調べてみる。

大正八（一九一九）年四月五日　法律第36号　原内閣

朕帝国議会ノ協賛ヲ経タル都市計画法ヲ裁可シ茲ニ之ヲ公布セシム

都市計画法

第一条

本法ニ於テ都市計画ト称スルハ交通、衛生、保安、防空、経済等ニ関シ永久ニ公共ノ安寧ヲ維持シ又ハ福利ヲ増進スル為ノ重要施設ノ計画ニシテ市若ハ主務大臣ノ指定スル町村ノ区域内ニ於テ又ハ其ノ区域外ニ亙《わた》リ施行スヘキモノヲ謂フ

第二条

一　都市計画区域ハ市又ハ前条ノ町村ノ区域ニ依リ主務大臣之ヲ決定ス

二　主務大臣必要ト認ムルトキハ関係市町村及都市計画審議会ノ意見ヲ聞キ前項ノ区域ニ拘ラズ都市計画区域ヲ決定スルコトヲ得

第三条

都市計画、都市計画事業及毎年度執行スヘキ都市計画事業ハ**都市計画審議会ノ議ヲ経テ主務大臣之ヲ決定シ内閣ノ認可ヲ受クヘシ**

都市計画、都市計画事業及毎年度執行スベキ都市計画事業ニ付テハ政令ノ定ムル所ニ依リ主務大臣之ヲ告示シ行政庁ヲシテ関係図書ヲ縦覧ニ供セシムベシ

見ての通り、**朕**（天皇）**が公布した**法律と明記。第一条の目的には国民のコの字もない。

つまり、旧都市計画法の決定プロセスは、

(1)　対象区域は主務大臣が決定（戦前は内務相、戦後は建設相）

(2)　都市計画審議会（戦前の名称は「都市計画委員会」）の議決

(3)　主務大臣が計画を決定

(4)　内閣の認可を受ける

(5)　主務大臣が告示、縦覧させるという手続き上のハードルがある。

◇正式決定は「三点セット」

ここからはベテランジャーナリスト、太田候一さんの大発見の紹介だ。太田さんは、杉並区でマンション建設紛争（三井グランド環境裁判）に関わる中で、都市計画決定の原本を調べた（参照：太田候一著『東京都　都市計画道路は違法で無効だった』『戦後復興院告示は都市計画決定ではありません』＝自費出版＝など。太田氏のご了解を得て紹介する）。

ここに三枚の写真がある（次頁）。戦前、昭和十八年の立川都市計画街路決定の文書だ。

立川都市計画文書は、一九四三年（昭和十八年）六月十八日付で、都市計画東京地方委員会の会長（内務次官）から主務大臣の安藤紀三郎内務相に原案を可決したと報告。次頁右の写真では、同六月三十日に安藤内務相が決定し、東条英機内閣総理大臣に認可のため閣議開催を求めた。

同七月五日に、内閣が認可。

次頁左の写真は、同七月六日に、東条総理が安藤内務相に出した認可書。

これが正式の決定プロセスで決裁文書を含め「三点セット」がそろっている。

◇小平・小金井は「手抜き」文書

では、現在問題となっている小金井や小平など東京都下の都市計画決定（外環も同じ構造）と比

旧都市計画法の正規の手続きを経た文書の原本（立川市）

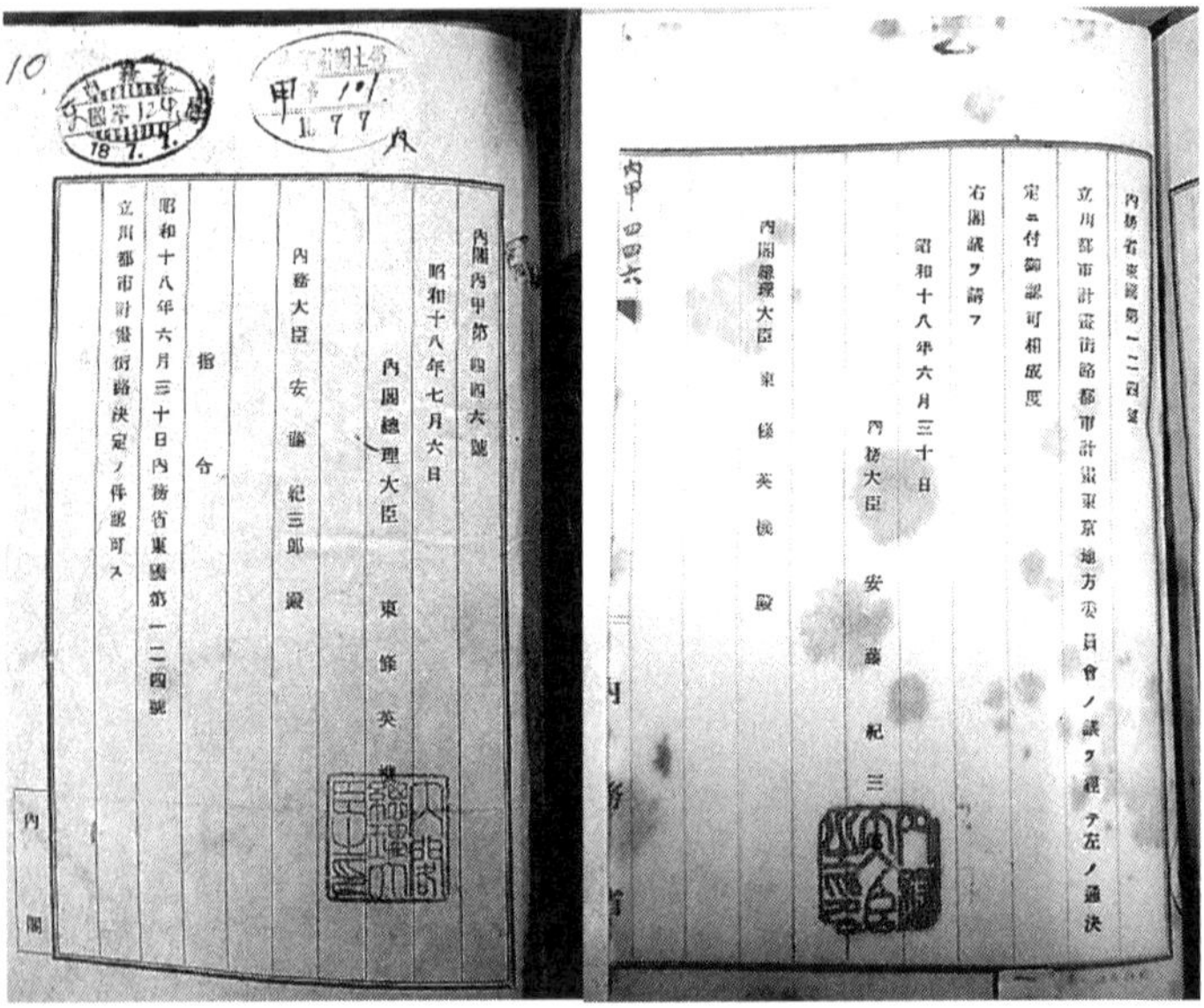
内閣内甲第四四六號

昭和十八年七月六日

内閣總理大臣　東條英機

内務大臣　安藤紀三郎　殿

指令

昭和十八年六月三十日内務省東國第一二四號

立川都市計畫街路決定ノ件認可ス

内閣

内務省東國第一二四號

立川都市計畫街路都市計畫東京地方委員會ノ議ヲ經テ左ノ通決

定ニ付御認可相成度

右閣議ヲ請フ

昭和十八年六月三十日

内務大臣　安藤紀三

内閣總理大臣　東條英機　殿

共に太田候一氏提供

べてみよう。

　小平の文書では、旧都市計画法による決定のはずなのに、③と④の閣議開催と内閣の認可を受ける手続き文書が確認できず、建設省決裁文書だけしかない（次頁左写真）。しかも建設省内の決裁文書には、審議会に付議し原案通り議決答申されたときはこれを決定、告示してよろしいとあるだけで、建設大臣、政務次官、事務次官（役所の事務方トップ）ら幹部の決済印がない。

　原案を作成した都市局長、参事官、都市計画課長、街路課長ら事務方の決済印があるだけ。おまけに局長決済も代理なのだ。官報では小平は河野一郎大臣名で決定されたとしている。形式合理性にこだわるオカミに

小平市の建設省決裁文書

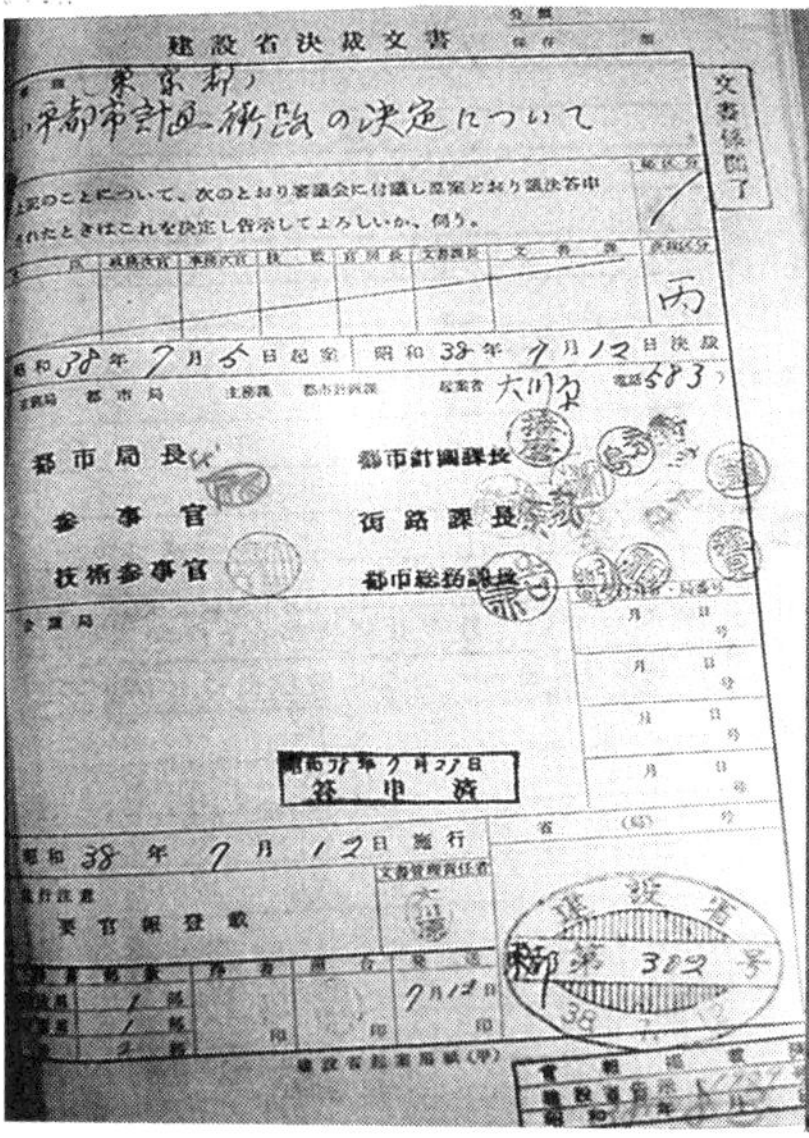
建設省決裁文書
東京都
小平都市計画街路の決定について
上記のことについて、次のとおり審議会に付議し原案どおり議決答申されたときはこれを決定し告示してよろしいか、伺う。
昭和38年7月5日起案　昭和38年7月12日決裁
都市局長　参事官　技術参事官
都市計画課長　街路課長　都市総務課長
昭和38年7月27日　答申済
昭和38年7月12日施行
要官報登載

内務省の決裁文書（立川市）

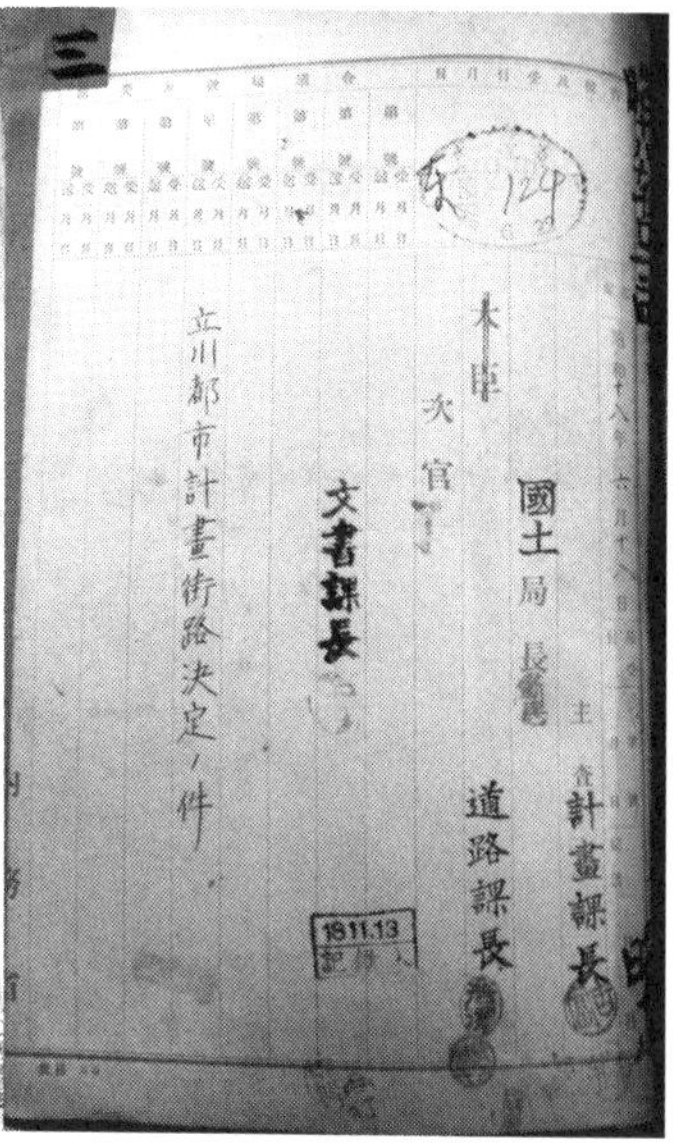
本官　次官
國土局長
計畫課長
道路課長
文書課長
立川都市計畫街路決定ノ件

共に太田候一氏提供

しては極めておかしい。官報に掲示されたとしても、決裁文書のキズ（瑕疵《かし》）は決して治癒されない大きなキズなのだ。

もう一度、旧都市計画法の決定プロセスをおさらいしよう。

①　対象区域は主務大臣が決定

←　②　都市計画審議会の議決

←　③　**主務大臣が決定**

←　④　**内閣の認可を受ける**

←　⑤　主務大臣がこれを告示、縦覧させる

国民の所有権・生活権に重大な影響を与えるにもかかわらず、③と④

の手続きがない。重大な「手抜き決定」だったわけだ。

戦前、基本的人権が制限付きでしか与えられていない臣民の時代でさえ、旧都市計画法で正規の手続きが踏まれる必要がある（法治主義）のに、**基本的人権は法律によっても奪うことができないという「法の支配」に基づく日本国憲法下の戦後の道路計画決定で、主務大臣の決定はなく、内閣の認可も踏まれていないではないか。**これは一体どうしたことなのか（参考：大浜啓吉『「法の支配」とは何か』岩波新書）。

◇治癒不能の大きなキズ

行政は、後で見るように小平市などの都市計画決定は有効と主張している。しかし、「法の支配」を前提とする限り、刑事手続き（憲法三一条）だけでなく、「公共の福祉」のためであっても国民の財産権を奪う（同二九条二、三項）には、**デュープロセス（適正手続き）を踏むことが大前提**のはずだ。適正手続きを三一条の刑事手続きだけに狭く限定するという立場もあるようだが、日本国憲法を通底する価値とは、基本的人権を「公共の福祉」のために制約するすべての場合に、適正手続きが貫徹することが必要だということではないか。ここにも欧米の法の価値体系などを既に知ってしまった国民と、それを無視し続ける行政・司法の「価値観」にズレが生じている（第9章でも検討する）。

以上は太田さんが、決定原本を探し出す努力をした結果の「大発見」だ。ジャーナリストの「現場主義」のお手本といっても良い。ベテランジャーナリストの史料発掘で、東京都内の各地の道路裁判で原告の住民側が一斉に行政手続きに瑕疵があり、決定自体が無効と訴え始めている。司法の最終的判断が待たれる。

第2節　東條内閣の「亡霊」

同じ旧都市計画法での決定であるにもかかわらず、正式決定の立川と、小平などの「手抜き」決定の違いがなぜ生まれるのか。それを解くカギは、アジア太平洋戦争（都合上、以下「大東亜戦争」と記す）にある。東條内閣の「亡霊」とでも呼ぼう。

緒戦は日本は破竹の連勝だった。半年も経たない昭和十七年四月十八日、アメリカ海軍機動部隊は、空母二隻からB25爆撃機一六機を発艦させ日本本土を襲った。いわゆる「ドーリットル空襲」である。勝利に酔いしれる日本国民を不安のドン底に突き落とし、都市への無差別空襲を予感させる事件だった（日本軍は中国・重慶を世界で初めて戦略爆撃した実績があった）。

東條内閣は昭和十七年七月、「**行政の簡素化措置**」を決定。昭和十八年三月に、**戦時の行政の決定・遂行スピードを上げるためと称して、認可許可等臨時措置法を施行**させ、「戦時行政法規」を整備強化した。

同措置法は「大東亜戦争に際し、行政簡素化のため必要あるときは勅令（政令）の定めるところにより法律により許可、認可、免許、特許、承認、検査、協議、届出、報告等を要する事項について」、報告などは必要なし、協議もあったこととみなす、行政庁または官吏の職権で済ますことができるとした。担当官吏の職権で行えることとなり、担当課長の決済で行われたという説もある。

空襲による大規模な延焼を防ぐためには、木造家屋を解体して延焼防止措置を講じることは国民が生き残るうえで緊急に必要であり、戦時に民主的に議論している暇がないという大義名分があったのだろう。

しかし問題は、**戦争が終ってからも戦時行政法規が生き残っていた**ことであり、、あるいは二**十一世紀に入っても道路問題では、〝戦時〟の都市計画決定が生き残っている**ということなのだ。

◇**死んだ法が有効**

第3章で見た外環のケースが分かり易い。

太田氏の著書『復興院告示は都市計画決定ではありません』によると、一九六〇年代から大問題となっていた「外環道路」の都市計画決定について国会で、計四回、日本社会党（当時）と日本共産党の四議員が政府に戦時法規がいまだに有効なのかと質問している。

一九六七年（昭和四十二年）七月二十一日、岡本隆一議員（社会党）は「この都市計画決定をやられるについて、（旧）都市計画法第三条で**内閣の認可を受けなければならないとなっているが、その手続きが欠けているのではないか。**（中略）都市計画局長は、いやそんなものは要らぬ、これは許可認可等臨時措置法というものでやったのだからとかわされる。ところが臨時措置法をみると、大東亜戦争に際し行政簡素化のために必要あるときは、勅令の定るところにより、許可、認可の手続きを省くことができるとある。大東亜戦争のときにできた法律をそのまま持ってきている。**こんなものは死んだ法律ですよ。戦時中の軍の倉庫に入っておるような古い法律を持ってきて、新しい近代的な都市形成の道具に使うというべらぼうなことがありますか**」

政府委員「勅令によりまして内閣の認可が要らないのだと思います。それは現在有効であるとわれわれは解釈しております」「**現在、合法的だということで内閣の認可を得ないですべての都市計画決定を大臣限りで決めております**」

大東亜戦争遂行のための行政続きの簡素化の法律が戦後も生きて、外環計画の有効な証文として運用されていることを国会の場で堂々と認めたことになる。

日本国憲法の前文には国民主権が謳われ、「われらは、これに反する一切の憲法、法令及び詔**勅を排除する**」とあるにもかかわらずだ。

第3節　日本版「ナチス授権法」

この戦時臨時措置法が戦後、法律家の間で問題になったのは、実は道路とは全く関係のない、鉄道料金をめぐる裁判だった（昭和五十七年二月の大阪地裁の「近鉄特急料金訴訟」判決）。

特急料金の引き上げ申請は、監督官庁の認可を得る必要があるが、その監督官庁の「認可権」が争点となった。地方鉄道法では、運輸大臣（当時）の認可マターだが、許可認可等臨時措置法で地方の陸運局長に移譲されていたためだ。

裁判で特急利用者の原告は、被告の大阪陸運局長が、利用者に近鉄の特急料金の引き上げ申請内容や根拠を知らせず、また意見を述べる機会を与えないまま、申請から二十日で認可処分を行ったことが違法だとして、認可処分の取り消しと、国家賠償を請求した。

地裁では、「戦時臨時措置法は失効している」として違法判決がでたものの、高裁、最高裁で「原告適格（資格）がない」と原告の請求を棄却した。しかし高裁、最高裁は戦時臨時措置法の是非それ自体については判断していないという。

地裁段階で、神戸大学の阿部泰隆教授（当時）が『自治研究』一九八二年二月に「戦時中の行政改革法規＝許可認可等臨時措置法はまだ生きているか」という論文を出し注目された。

阿部論文は許可認可等臨時措置法について、「大東亜戦争遂行のための非常措置」が目的で、法律で定めた許認可制につき、政令でこれを不要にしたり、届出で足りるとか、許認可庁を変更できるものとしており、委任事項こそ抽象的に定めているが、行政簡素化の目的ならば、どのようにでも変更でき、それを政令に任せていると指摘した。従って「**この委任は白紙委任であり、かつ、ナチスの授権法と同様に執行権に法律改正を授権する法律**」で、法律を〝骨抜き〟にできる重大な問題を抱えていると位置付けた。

阿部教授は、①大東亜戦争の敗戦により失効した、②日本国憲法の法律の委任命令の限界に触れるのではないか——という疑問を生じさせていると問題を提起した。

阿部教授は、結論として①既に失効している、②委任の範囲も「臨時措置法は、既存の法システムを単に行政簡素化という一方的な要請のみで覆滅させる**異常な法律**である」——と断じた（多くの読者は、憲法学を学んだ際、法律や政令などでの「白紙委任」は絶対に許されないと学んだはずである）。

読者にはもう、問題が鉄道料金だけではなく、日本国憲法が施行されて以降、**戦時中の臨時措置法の影響が、ほぼすべての都市計画決定や道路の決定に及んでいる**ことの重大性が理解できるはずだ。

昭和四十二年までは、旧都市計画法の下で、国民の生存する権利（生活権）と所有権を侵害し、制限する都市計画決定が、法律の決定プロセスを無視して、建設省の都市局長レベルでの決済で済まされている。

戦前の臣民の時代でさえ権利を制限するために、法律に根拠があるという適正手続きを踏む必要があった（法治主義）のに、戦争で緊急避難的に、臨時に簡素化したものが、「法の支配」を原則とする日本国憲法に変わったにもかかわらず、旧都市計画法の**正規のプロセスがすっ飛ばされてきた**。旧法が廃止される前の昭和三十七年に「駆け込み的」に多数の都市計画決定が行われた疑いすらある。

そして戦後七十年近く生き続けて、二十一世紀になっても住民と行政が対等な立場での街づくりを阻害しているというのはどうしたことなのか。

ここから浮かび上がるのは、現在の日本国民、とりわけ東京都民は「臣民以下の扱いを受けている」ということになりはしないだろうか。日本国憲法に書かれているように、日本国民は、本当に主権者なのだろうか。

われわれは**いまだに東條戦時内閣の「亡霊」に悩まされている**といっても過言ではない。「**東京都の都市計画は、まるで江戸時代のやり方だ**」という批判が住民から出てくるのは、無理からぬことなのだ。

国民は国政選挙、都民は都知事選挙など「大きな政治」の選挙では主権者のようだが、身近な街づくりでは「半奴隷（半主権者）」の地位のままということではないか。

道路問題では、上述した旧都市計画法と戦時の臨時措置法のねじれがあり、道路行政は根幹部分が、行政のいいなりに決定、運用され続けてきたのではないかという疑いがある。東京の道路問題が全国で一番深刻なのはそこに真因があると考える。

本書のはじめで紹介した、「荒れる説明会」を思い出してほしい。壮大なボタンの掛け違いが、東京都と都民の間に存在する。「都民が決める　都民が進める」と主張する小池知事はどうするつもりなのだろうか。

（補足：許可認可等臨時措置法は平成三年に廃止された。その国会審議では「大東亜戦争に際し」というくだりが問題視され、佐々木満総務相は同法の存在に「びっくりした」と感想を述べ、「法制定の趣旨、目的、それは当時の状況と戦後の日本の置かれた状況は全く違うわけですから、もっと早く廃止するものは廃止する、〈行政〉簡素化が必要ならば、早めに別の法律なりをつくるべきだった」〈一部整理〉と答弁している。引用は総務省官僚、宮島守男氏の『自治研究』、一九九一年八月。宮島論文では道路問題は触れられていない。問題は異様な同法の下、戦後旧都市計画法で決定された道路計画が今日も生き続け、被害国民を苦しめ続けている異常さだ。行政・司法が「決定は有効だ」と居直れる問題ではない）

第4節　臣民以下

（神谷家リビング）

母　戦前の東條内閣の亡霊なんてぞっとするわね。

創太、望　戦争の影響って私たちの身近にあったわけね。

父　そうなんだ。パパもびっくりだよ。ちょっと地元小金井市の道路計画決定の決裁文書の写真（次頁写真）を見てみよう。これです。

母、創太、望　うわ、すごい。やっぱり、主務大臣から事務次官、官房長までの決済印がない。手抜きの決定的な証拠じゃない。当然だけど、一番大切なはずの大臣決定と内閣の承認文書もないわけね。

父　その通り、公文書館にもないそうです。

三人　ウソー。**小金井の都市計画道路計画って欠陥手続きで決まったという証拠ね**。私達って、主権者じゃないんだ。

父　そう。政治的に右であろうが左であろうが下々は全員ね。もちろん、〝ネトウヨ〟の人たちもだよ。さっき報告したように、都民は、道路問題に関しては行政から、明治憲法下でもなかった「臣民」以下としてしか扱われていない、これが今日の道路紛争の噴出、訴訟の多発をもたらしている元凶ではないだろうかと思う。

小金井市の都市計画道路の建設省決裁文書

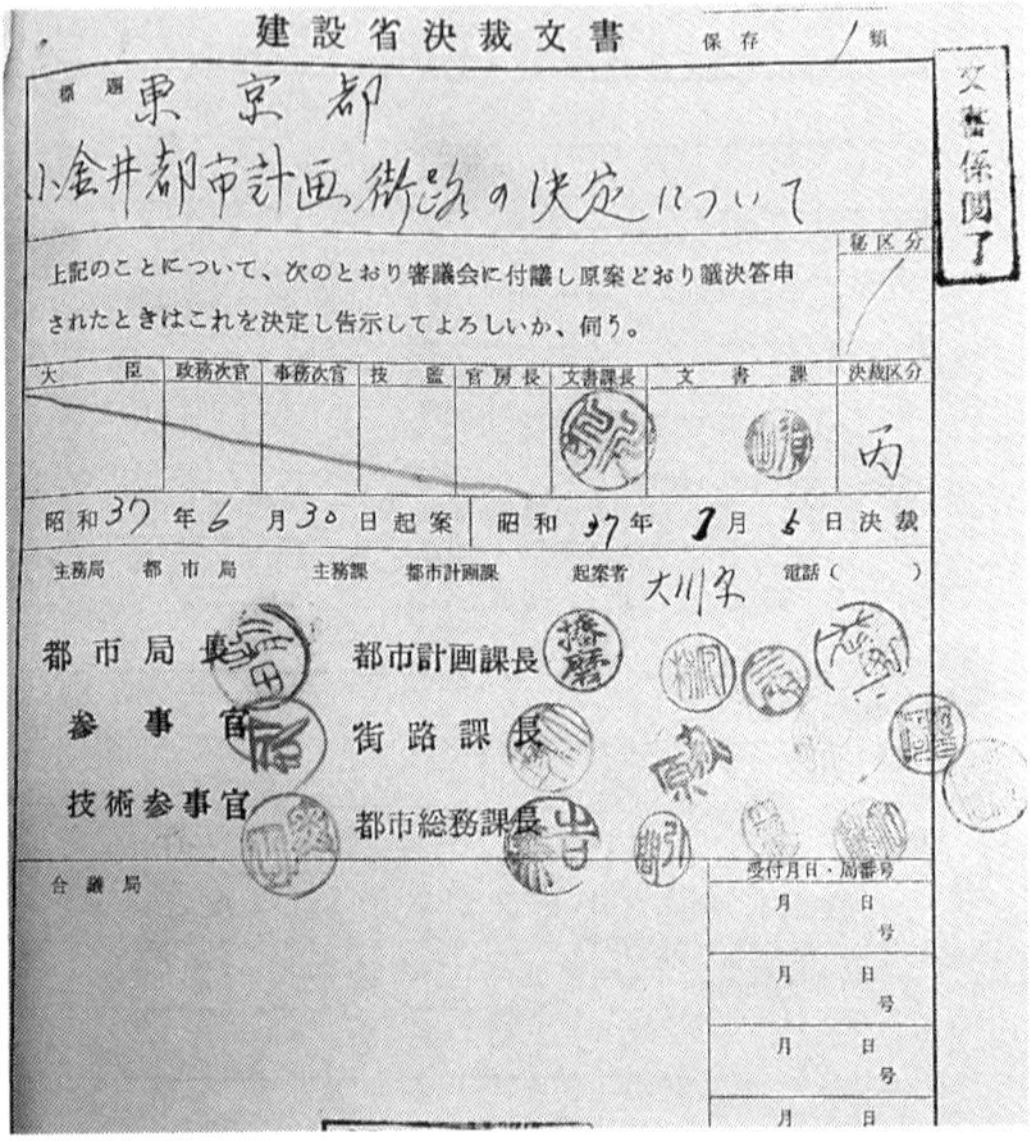
建設省決裁文書　保存　1類

文書係閲了

標題　東京都
小金井都市計画街路の決定について

秘区分

上記のことについて、次のとおり審議会に付議し原案どおり議決答申されたときはこれを決定し告示してよろしいか、伺う。

大臣	政務次官	事務次官	技監	官房長	文書課長	文書課	決裁区分
							丙

昭和37年6月30日起案　昭和37年7月6日決裁

主務局　都市局　主務課　都市計画課　起案者　大川　電話（　）

都市局長　都市計画課長
参事官　街路課長
技術参事官　都市総務課長

合議局　受付月日・局番号　月　日　号

今中京平氏提供

望　学校で教わってきた日本国憲法とか、国民主権ってなんだったのかな。パパの報告だと、道路問題では私たちは天皇の「臣民」のレベルじゃない。これってひどすぎない。もう笑うしかないよね。

父　そうだね。自分でもびっくりだったよ。分かり易くするためにこんなイメージ図（左頁）を書いてみたよ。上の横線が日本国憲法の国民主権のラインとすると、明治憲法で出来た旧都市計画法では臣民レベルになる。いやさらに戦時行政法で手続きを飛ばしたから、さらに一段下になる。これが小金井の都市計画道路が決定された水準だ。「まるで江戸時代みたい」という住民の批判はズバリ真相を言い当てているのではないかな。庶民を欺くことは民主主義ではできっこない。

母　ちょっとどういうことなの。庶民はまじめに税金払っているのに、がっかりだわ。国会と

日本国民の法的位置イメージ図

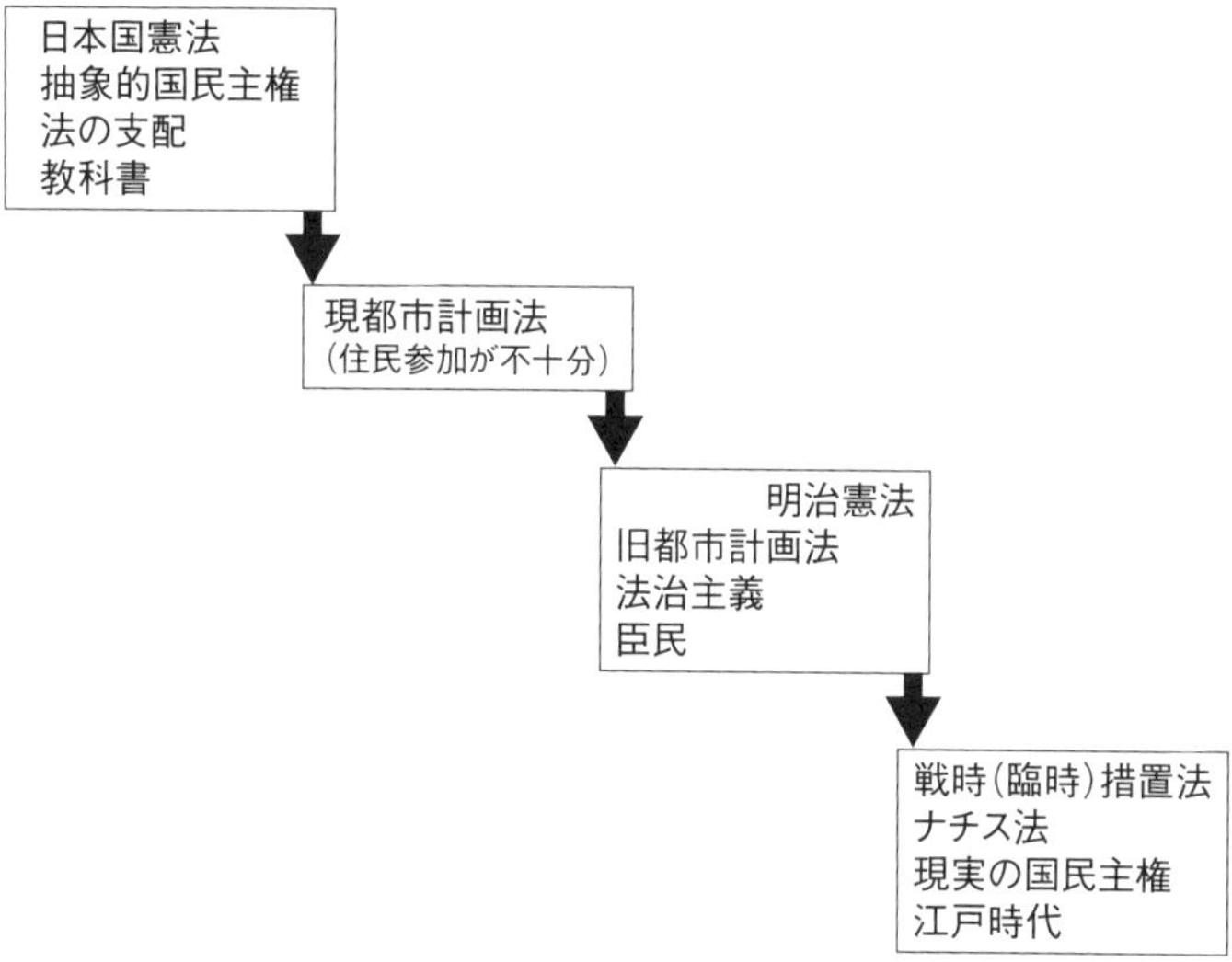

か都議会は何をしているのかしら。

父　もう二十一世紀で、国民はインターネットを通じて先進国の市民参加による道路づくり状況が把握できる時代だからね。でも道路に関しては、日本では国会も都議会もまったくタッチできていないのが実情だ。

創太　それじゃ、やっぱり誰にも止められないから「道路怪獣」じゃないか。

父　ウーン。まさにその通りかな。止める手段がないから日本で最強の「怪獣」といっても構わないかな。

望　でも国会は国権の最高機関なんでしょ。法律を変えちゃえばいいんじゃないの。

母　なぜ止められないのかな。

父　一つの理由は、道路建設にはお金をかけると、人間の雇用が付いてくる。アメリカでいうショベルワークで、道路工事には必ず雇用がついてくる。戦争直後から高度成長時代、特に仕事の無い地方で、出稼ぎしなくても済む雇用対策として道路建設は「善」だったんだよ。保守系だけでなく、革新系の政治家もみな賛成。代替案がないと思い込んでいるからね。

でも専門家によると、現在は、道路工事も機械化・ロボット化が進み、地元の日雇い労働者を雇入れる機会が減って、地方にとっても道路を誘致するうまみがなくなってきたという見方がある。結局、技術と資本力のある中央の大手ゼネコンに利益が還元する。

雇用の場を、ビッグデータやハイテク分野、高度教育・研究開発分野に大胆にシフトさせる工夫をしないと日本の未来は暗いね。AIやロボット、『インダストリアル4・0』(第4次産業革命)の時代でもある。発想を変えないといけないはずなんだが、なかなかどうして大変だ。

母　公共事業の経済効果を熟知していたとされる古代ギリシャの名政治家、ペリクレスならどう解決するか聞いてみたい気がするね。

父　日本ではギリシャやローマの民主制の歴史がなく、判断する基準が市民に共有されていないのが問題だ。問題が起きた時に**帰るべき原点**だね。

望　それじゃ日本の民主主義に基づく道路づくりってだめってことなの。

父　一九七〇年前後は明治の自由民権運動の歴史が注目されたんだ。でもそんなに遡らなくてもこの東京のど真ん中でみんなのお手本にすべき歴史が実はあったんだ。

皆　エー、ウソー。本当にそんな歴史があるの。

父　パパも最近知ったばかりです。みんなのために取材してきました。

第2部　歴史・規範編

第５章「女たちの道路戦争（注１）」

はじめに

市民と民主主義を語る際、都市伝説化している「放射36号線」、いわゆる「さぶろく道路」反対運動があると知ったのは、取材を始めて数カ月たった時点だった。

立教大学に収集・保管されてる膨大な当時の資料を読み込み、関係者を尋ねたり、研究者に聞いたりするうちに、放射36号線に関わった市民、特に女性たちが「公共事業哲学の転換」につながる草の根民主主義を実践していた事実にようやく思い至った。

本章と次章で、道路（公共事業）と人間の在り方をめぐり繰り広げられた専業主婦ら市民と、都行政・事業者の相克と止揚による「公共性創出のドラマ」を再生する。

この歴史が現在の日本の民主主義・道路紛争を観る「基準点」となると考える。

東京都作成パンフレット表紙
下が環状七号線、中ほどの2カ所の空き地は、小竹小学校、その上が向原小学校のグランド。36道路がその下をくぐっている。最上部の高層ビルは池袋のサンシャインビル

◇「放射36号線道路問題」とは

練馬区の有楽町線・副都心線「小竹・向原」駅の上に「放射36号道路」はある。地下鉄駅を出るとレンガ色のタイルが敷き詰められた洒落た遊歩道「四季の道」がある。一五〇〇台を収容する自転車置き場は整然とし、電線は地下化され、道路本線とは高い盛り土によって隔てられ数千本の植栽が年間を通じて歩行者の目を楽しませている。自動車優先の既存のコンセプトを打ち破る、「新しい公共哲学」に基づく道路だ。

「36道路」（幹線街路「放射35、36号線」の略称）とは、豊島区要町から練馬区早宮にいたる長さ四五二〇メートルの道路。副都心の池袋西口と、大宮バイパスを結ぶ放射道路計画で、一九二七年（昭和二年）に幅員一五メートル道路として計画決定された。一九四五年（昭和二十年）、一九六六年（四十一年）の二度の計画変更で大幅に道路幅が拡幅（四〇〜六〇メートル）され幹線道路と位置付けられた（一一八頁の上図）。

この道路計画が特異なのは、36道路の下に帝都高速交通営団（現在の東京メトロ、以下営団）の地下鉄８号線（有楽町線）と13号線（副都心線）の建設が計画され、道路と地下鉄の同時施工が方針となったこと。計画が公表されたのは美濃部革新都政一期目の一九七〇年（昭和四十五年）六月だった。

当時、日本は高度成長期で、東京都では環状七号線（以下「環七」）[注２]周辺で自動車の排ガスによるとみられる大気汚染が深刻化。一九七〇年七月十八日に環七近くの立正高校（杉並区）で日本初の光化学スモッグによる人的被害が発生。七月には佐藤内閣の下で、公害対策本部が設置され、後に環境庁（現環境省）へとつながり、十一月からの国会は「公害国会」と名付けられた。さらに、一九七一年五月、練馬区立上石神井南中学で重症の光化学スモッグ被害が発生し、日本中がパニ

右：四季の道　右に植林
中：四季の道と自転車置き場・地下鉄入り口
下：環状七号線から見た36道路

放射35号線、放射36号線の位置図

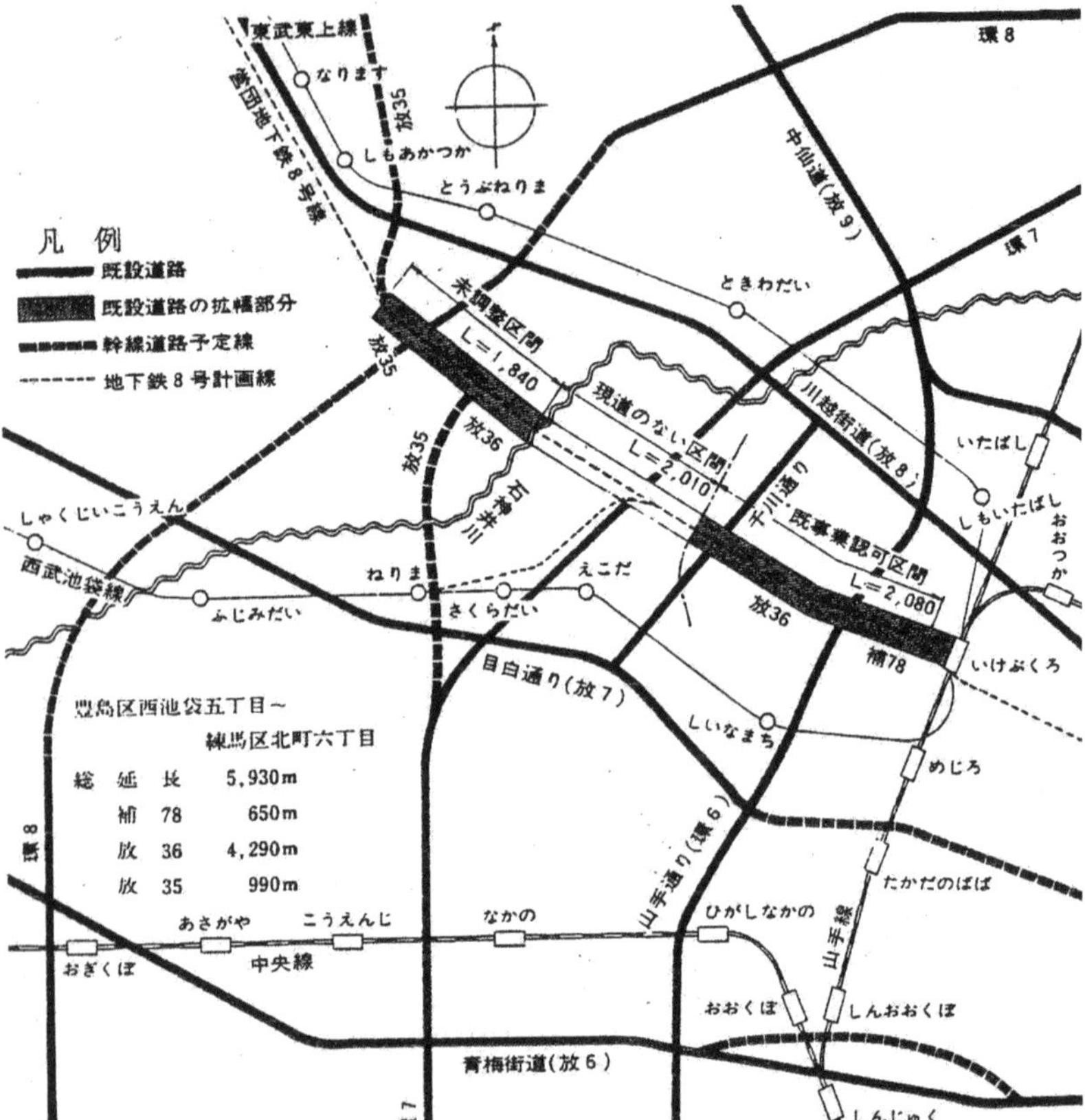

東京都作成パンフレット

36道路問題（年表１）

【前史】		
1939年（昭和14年）		放射36号の原案（旧東京市）
1946年（昭和21年）		終戦後の改訂
1962年（昭和37年）		環状７号線開通
1964年（昭和39年）		東京オリンピック開催
【第１期】		
1966年（昭和41年）	7月	都市計画決定
1967年（昭和42年）	4月	美濃部亮吉氏が都知事当選１期
1970年（昭和45年）	6月	８号線（有楽町線）と35・36号道路の同時施工方針発表
	7月	練馬・立正高校で初の光化学スモッグ発生
	9月	35・36号道路対策住民協議会発足
	10月	建設大臣が「外環道路」を凍結宣言
1971年（昭和46年）	3月	美濃部氏「広場と青空の東京構想」発表
	4月	美濃部氏2期目当選
	5月	都議会公害首都整備委員会、反対の陳情採択。着工延期
		練馬・石神井中学で光化学スモッグ、110人超が搬送
	6月	美濃部知事「橋の哲学」表明
	7月～9月	36号線で住民対話。計7回
	8月	美濃部氏は都庁で放射36号線の住民と対話集会
	9月	美濃部知事、都議会で「ゴミ戦争宣言」
1972年（昭和47年）	6月	環7を考える会（練馬）がアンケート
	8月	環7を考える会と環7公害対策会議（板橋）が合同で住民集会
	11月	美濃部都知事が、放射36号で住民投票提案
	12月	36号線で住民対話
		36調査会設置
1973年（昭和48年）	8月	36調査会中間とりまとめ
1975年（昭和50年）	3月	36調査会答申
		都、財政難で36道路事業を事実上の凍結

ックに陥った時代だった。

こうした異常な社会状況の中、36号線道路計画では、主に練馬区立小竹小学校周辺の環七までの約六〇〇メートルの地区を中心に激しい住民・市民運動が繰り広げられた（美濃部都政について、当時を知らない若い世代向けに、7章末尾（一九一～一九四頁）にミニ解説を載せた。予備知識のない読者は先に読んで欲しい）。

第1節「オバサン」達の住民運動

「あれは一九七〇年七月の暑い時でしたね。突然、革新系区議会議員が開いた説明会で、この地域に東京都が道路を計画していると知らされたのは。野次馬気分で出かけたのです。聞けば、高島平のトラックターミナルと池袋を結ぶ産業道路で幅が四〇～五〇メートル。自動車公害の環七は幅が二五メートルで、その倍の道路が出来てトラックや自動車がひしめく、しかも周辺には学校がたくさんある。中でも小竹《こたけ》小学校は校庭を三分の一も削るという。立正高校の光化学スモッグを思い出してぞっとしました。そうこうしているうちに、都の説明会があり、あの人に出会ったんです……」

当時を回想するのは環七の外側、練馬区羽沢に住んでいた堤園子（旧姓平井）。齢九十を超え背筋のシャンと伸びた堤は、反対運動の「軍師」「参謀」として十八年近くに及ぶ運動を支え、当時の内情を最もよく知る女性だ。

堤が「あの人」というのは、反対派住民運動のリーダーとなる平尾英子（故人）その人。この物語はリーダーの平尾、「参謀役」の堤の二人。そして小学校高学年以上で子育てに一区切りのついた四十〜六十代の専業主婦、ＰＴＡ仲間（長期紛争で常に若返りの源となった）の女性達が主役となって繰り広げられた。

まずこの物語の中心人物となる二人のプロフィール・社会観についてみておこう。

リーダーとなる平尾英子は昭和五年生まれ。小学校教員の母親に育てられ、昭和十七年に名門桜蔭高等女学校に入学。自由恋愛が許されない時代で、同性の先輩にあこがれるなど多感な少女時代を過ごす。大東亜戦争中であり、「軍国少女」として昭和十九年から志願して武蔵野市にある中島飛行機製作所の工場で勤労奉仕に参加した。同級生でも怠けている人を厳しく叱責するなど烈女の一面を早くも見せている。

昭和二十年三月九日、東京大空襲のあった夜、空襲警報を聞きながら夜行列車で母親の郷里、愛媛県に疎開、終戦を迎える。戦後、上京し、銀行勤務、労働組合を経験する。「シルク博士」として知られる絹研究者（東京農工大学）の夫、息子、年老いた母と小竹地区に住んでいた。退職して専業主婦となり、日本舞踊を本格的に習い始めたとき、36道路問題が降りかかってきた。

平尾英子の自治・国家観には戦争体験が大きな影響を与えていると思われる。「オカミ」「官僚」への不信感である。母校桜蔭女学校の「戦中女学生の記録」（桜蔭高女一八回生＝一九八九年七月発行）に寄せた平尾の手記には「もうだまされないぞ、情報もうのみにしない、ひとつひとつ自分でたしかめて積み重ねて、真実をつかみとる努力をして、そのなかから自分の頭でかんがえなければ……と決意した。（中略）あんなに戦争協力一辺倒だっただけに、そのつぐないとしても、みんなの住みよい社会のために役立たねば、という発想になっていた」と述べ、36道路に関与した動機に触れている。彼女の熱い性格と、戦争体験、地域への自己奉仕などが36道路運動に影響していく。

一方、堤園子は、運動のサブリーダーで参謀役だった。堤は実父が逓信省の役人だった関係で戦争後期に日本放送協会（現NHK）に入った。戦後の混乱期に進駐軍の指示で設立された労働組合に参加。しかし、冷戦の進行で組合が分裂する騒ぎに巻き込まれ、夫とともにレッドパージに遭いNHKから退職を余儀なくされた。その後家庭に入り専業主婦、練馬区羽沢《はざわ》に出版社勤務の夫、長男、義父の四人で暮らしていた。

東京オリンピックで開通した環七が、小学生だった長男や子供たちの通学路にあたるため、当時は珍しかった歩道橋の建設に孤軍奮闘するなどPTAや地域の社会活動に参加した。義父は岩波書店の創設者岩波茂雄の片腕とされた支配人、堤常氏で家庭はリベラルな雰囲気だったという。そうこうするうちに、36道路問題に遭遇する。冷静な情勢分析、的確な戦略・戦術を練る力量は男性をしのぐものがある。（史料＝『始まりはひとりから　練馬の女性たちの記録　その二』練馬女性史を拓く会、朝日新聞、一九七一年、筆者とのインタビューから）。

◇反対運動旗揚げ

昭和四十五年九月十九日、練馬区小竹、羽沢、桜台、板橋区小茂根《こもね》の住民の「世話人」らが集まり、公害道路反対の「放射35、36号道路対策協議会」（以下、協議会）が結成された。女性たちの中にはPTA関係者が多かったようだが、その理由の一つに小竹小学校、向原《むかいはら》小学校の校庭が道路計画に引っかかり、校庭を一部削られる恐れがあったことがあった。また環七と36号道路が結ばれれば、自動車の排気ガスと騒音などが小学校や閑静な住宅地を襲うということも懸念された。

世話人会では、「建設の一時ストップ、再検討」「幅員削減」などの話が出たが、環七など大気汚染の現状からも、地域の統一のためにも、「道路計画は中止、地下鉄はシールド工法」で、という線で意見がまとまった。当時シールド工法はまだ珍しい時代だった。

協議会の総代表となった小島喜久寿氏は大学教授、幹部は男性ばかり。翌二十日から主婦らが主力となり、各地区で署名運動を開始した。エネルギッシュな平尾らが馬車馬のように地域を駆け巡り女性世話人を組織。参加した女性陣約二〇〜三〇人は、わずか二週間で都議会への請願に向け九〇〇〇筆以上の署名を集めた。

女性世話人の中には、「以前、豊島区で道路建設で立ち退き、練馬に来て環七で半分住宅を削られ、現在のところでようやく落ち着いたと思ったら二五メートルの幅員がいつのまにか四〇メートルに拡大し、部屋を三つも削られるかもしれない」「借地だったのをやっと二、三年前に買ったばかり。サラリーマン世帯が土地を買うのがどんなに大変なことか考えても見てよ」と運動に加わった人も。別の人も「職場が近かったから住み着いた。それが何の断りもなくいきなり大きな道路なんて」と憤慨し、参加したという。

協議会は十月九日に都議会に対し、「公害道路計画は中止、地下鉄建設にシールド工法を採用」の請願書に九三二二筆の署名を添えを請願した。請願の代表者六人はすべて男性だった。

その後も平尾や堤ら女性陣は来る日も来る日も五、六人のグループで都庁（当時は有楽町）、都議会めぐりを始める。

堤は当時の実情を「（都市計画なんて）何にも知らない普通のオバサン達が都庁に押し掛けたんですね」と思い出し笑いしながら語った（注：本書では、堤ら当事者自身の言葉として「オバサン」をそのまま使う）。

都庁の実行部隊の建設局は彼女たちに対し、「道路は都市空間で、災害時には特に道路が必要」と説明。

平尾らは「車が燃えだしたら火の河になって災害がさらに大きくなる。自動車の増加を野放しにしておいていくら道路を作っても、しまいには東京中道路にしても追いつかないではないか」「道路建設を再検討するべきだ」と反論。返ってきた答えは「それは哲学ですな。われわれ道路屋には関係ない」と笑い飛ばされたという。

また計画を立案する都市整備局では、担当職員が東京全体の放射状、環状、網目を張り巡らせたような道路建設計画地図を示し「全都的立場からみてここに道路が必要です」と説明してくれたが、女性たちは「線を引くときにそこに住んでいる人間に思いをはせたことがあるのか。個人の福祉と公共の福祉はあい反するものなのか」と疑問を募らせた。

公害局（昭和四十五年十月発足）では「公害から都民を守るため、今後事業局との対立も覚悟している」と、ようやく人間らしい言葉を聞かされてほっとしたという。

元々、美濃部ファンだった女性達は「美濃部さんなら分かってくれる」という気持ちもあり、知事秘書に「知事に直接会ってお話ししたい」と申し入れるが、「日程がびっしり詰まっていて、いつになるか分からぬ」と役人対応される。また「会っても都市計画審議会（以下、都計審）で（建設が）いったん決まったことは、知事といえども尊重せねばならない。それが民主主義だ」と聞かされ、前途の多難さを思い知らされた。(注3)

このころ女性世話人たちは、区、都、協議会の世話人会、事務局会議、新聞・テレビの対応、ニュースやポスター作成・配布、電話連絡と獅子奮迅の働きぶりだった。

堤の回想によると、「家の中はほこりだらけ、洗濯物はたまりっぱなし、食事時間はめちゃくちゃ。亭主はたまりかねて切れるし、子供はすねる。同居する年寄りは何も言わないが、ご近所からは『（そんな運動への関与を）よくお許しになって』と皮肉られる始末。犬まで私を恨めしげに見る」と家庭を犠牲にしてまで地域のためという生活になっていった。

また世話人会など夜の会合では、日中は仕事で不在の男性世話人から「報告事項が多すぎる」「（区や都など）やたらにあちこちウロチョロするのは無駄だ。もっと効率よくやれ、ニュースを頻繁に出せ、方針討議に時間をかけろ、議事の運営が悪い」などと、一方的な指示がでた。これが後に組織分裂の伏線となっていくとはまだ誰も知らない。

巷では、フォークグループ、ソルティー・シュガーのコミックソング「走れコウタロー」が大ヒット。美濃部知事の議会答弁の物まねと思われるナレーションによってミノベの名前は全国の若者に知られるようになっていった。この曲は七月発売にもかかわらず、同年の日本レコード大賞新人賞を受賞した、そんな時代だった。

◇知事と会見

十二月十八日、ついに美濃部知事との反対住民の会見が実現した。

美濃部知事は「私個人としては、現在東京の道路網は全面的に見直すべき時と思うが、都計審での知事の位置、都議会の勢力分野などを考えると、なかなか難しい」と対応した。

堤の回想では都議会では、「熱狂的な道路建設推進論者である保守系都議会議員は、36道路建設の再検討を要請する私たちに対し、『先進国と比較して東京の道路事情は非常に悪い。特に練馬区の道路率一〇%は二三区中最低だ、立退き者には十分な補償金を出し、立派な環境施設帯を具えた幅員一〇〇メートルの道路をどんどん作るべきだ』『あなた方、ここで死にたい、とだけは言わんでくださいよ。それじゃ道路はつくれない』」という有様だった。

環七問題など深刻な公害被害で産業・自動車優先への反省の機運は保守系政治家からも出ていたが、道路をじゃんじゃん作れという開発主義が主流だった。

平尾や堤らは「都議会に請願したが、このままでは計画が着々と進行する危険性がある」と危機感を抱き、設置されたばかりの都民相談室室長に「計画はどこまで進んでいるのか」と詰め寄った。

◇「市民参加革命」

このころ二期目を目指す美濃部政権は、「対話から参加」を合言葉に、「都民が主体」となった都市づくりという日本の歴史上かつてなかった野心的な試みを打ち出した。

首都奪還を目指す自民党の佐藤栄作首相に口説かれた警察官僚出身の秦野章候補は、環七を高速道路、一般道、地下鉄の三層構造にするなどといった「四兆円ビジョン」なる壮大な開発優先構想を掲げた。

これに対し美濃部陣営は「ストップ・ザ・佐藤」を合言葉に、都知事選挙目前の三月十三日に「広場と青空の東京構想」を公表した。

月刊誌『都政』（一九七一年三月号）の巻頭言にその意味が要約されている。

「『広場と青空の東京構想』はフィジカルな意味での〝広場〟創出を、同時に、都民の都市東京改造の方法の問題として提起している。広場＝民主主義、広場＝都民参加、という把握がその根底にある。すなわち、〝広場〟はフィジカルな意味でも、ソーシャルな意味でも、いずれも都市における民主主義をはかる尺度として役割を果たしているのである。地域の広場に集まった市民のエネルギー、百万人の〝広場〟にあつまった市民のエネルギーで、東京を変えていく。その方向が〝青空〟なのだ。〝青空〟とはこれもシンボルであり、具体的には〝住みよい東京〟すなわち〝シビル・ミニマムの達成された東京〟をあらわしている」。

「広場と青空の東京構想」は〝広場〟と〝青空〟すなわち、参加とシビル・ミニマムという方法

広場と青空の東京構想

のうえに、東京を都民生活中心に塗り替えていこうという大胆なものである。

特筆すべきなのは、地域単位で「市民会議」を立ち上げ、市民間の討議によって課題解決の方向性を打ち出し意思決定を行い、それを全都に展開させようとしていたと推測できる。都民が参加し、具体的な問題を通じて都市改造に取り組むという壮大な「社会実験」を志向していたといえよう。（注4）

◇モデルケースに内定＝呼応する反対派

美濃部知事は四月十一日の都知事選で、三六一万票の記録的な大量票を獲得し、秦野氏らを退け再選を果たした。36道路協議会有志は美濃部氏を支持した。

選挙の一カ月後の五月十八日に、曲折を経て都公害首都整備委員会で請願が、「関係者と協議の上、（36道路問題の）円満な解決を図る」との委員長の意見書付きで全会派一致で採択された。

実は選挙前の三月四日、都民相談室長から協議会メンバーに、「当初計画を大幅に変更し、生活優位の街路として再検討されている」という話がもたらされていた。

協議会は「請願通り中止してほしい。街路の構造が住民にとって有利な方法に変更される場合も、相談のうえ解決してほしい。都市計画の中でも36号線建設は、今日の都市問題の矛盾の典型だ。この問題を、生活優先と住民参加を唱える美濃部都政の『試金石』としてもらいたい」と申し入れていた。そのころから水面下で、都と協議会で道建設反対の行き詰まり局面を打開する試みが模索されていたようだ。

さらに前述の「市民会議」という耳慣れぬ言葉が人々の口に上ってきた。協議会でもどんな会議なのか分からず侃々諤々《かんかんがくがく》の議論がでたという。なにせ日本政治史上初めてのことだから無理もない。

五月末に小竹小学校で開かれた住民大会（出席者約三三〇名）ではこれまでの反対運動の経緯などについて説明が行われたが、会場は異様な興奮状態となった。今後の運動の進め方を話し合った結果、「道路対策市民会議」を作り、都と直接交渉を目指すことになった。集会は「放射35、36号計画道路周辺住民は真に住民のための住民による都市計画を進めうる市民会議をつくるために、本大会をもってその第一歩を踏み出したことを確認する」と決議した。こののち市民会議は実際に開催される。

こうした動きを受け六月に『読売新聞』が「東京をどうする――政治参加」という企画を上中下で特集した。二十二日付の最後の対談編では、協議会代表の小島氏ほか平尾、堤が、常陸副知事らと都民参加と道路・都市計画問題を話し合った。

堤は「明治以来の行政は『公共の福祉のためには個人の犠牲もやむを得ない』としてすべて処理されて来た。しかし個人の利益を延長したものが公共の福祉なのではないか。環七の場合など、騒音のために家人がどなりあって話し、ホコリや排気ガスのために夏も窓があけられない。そんなにまで個人にしわ寄せして作ったのが、公共の福祉なのかと思う」と疑問を突き付け、専業主婦が副知事相手に堂々の議論を展開した。

第2節　公共哲学の転換

◇「橋の哲学」

ここでもう一つ重要になるのが、美濃部知事による都議会での「橋の哲学」の表明だ。(注5)「青空の東京構想」「市民会議」を支える思想と言っても過言ではない。これは、公共事業の在り方が問われる現代にも通じる重要な論点を秘めている。オカミによる一方的な「国家高権」からの「公共哲学の大転換」の表明だった。

長くなるが重要なので、一九七一年（昭和四十六年）第二回定例会（六月二十日）での美濃部演説を見ておこう。

「都民参加の都政ということについて一言私の考えを申し述べたいと存じます。都民参加の都政とは究極において、憲法に保障された住民自治の強化による地方自治の実現を目的とするものにほかなりません。都政に対する都民参加は、あくまで都民の自主的な意思と行動によって行われることが大切であります。都民参加の問題を考える場合、いつも私の心に置かれている考えがあります。それは、**たとえ橋一つつくられるにしても、その橋の建設が、そこに住む多くの人の合意が得られないならば、橋は建設されないほうがよい**。人々はいままでどおり泳ぐか渡し船で川を渡ればよいという考え方であります。**この考えには明らかに住民自治の理念と住民参加の姿勢のあり方が述べられております。すなわち、住民にとって大切なことは、何より住民自身が考え、納得することが必要だということであります。**私はいままでの都政を通じて、少なくとも都民と都政の距離だけは縮め得たといささかの自負を持っております。今日東京に見られる多様な住民参加は、この距離の縮まった都政への都民のさらに積極的な接近だといえます。いまこそ都民は自分たちのものとして都政を見詰め始めたのであります。このことがとりもなおさず都民参加の都政であります。申すまでもなく、都民参加に一つの形式があるわけではありません。**東京にとって初めてのこの試みは、都民にも都庁にも多くの混乱をもたらすでありましょう。**特に参加の重要な一側面である地域エゴイズムの調整には、民主主義的な手続きと全体と部分を考える話し合いなど、あらゆる方法が必要でありましょう。しかし、地域エゴイズムもまた住民参加の原点であり、その相克、止揚の中からこそ真の都民参加の都政が実現することを私は信じて疑いません。都民参加の都政とは、いままでも繰り返して申し上げたとおり、議会の権能を侵したり軽視したりすることでは決してないのであります。生き生きとした市民運動が都政と交流することによって、議会も執行機関もともに新しい活力をみいだすであろうことを私は信じております」

◇都市改革の哲学

では「橋の哲学」を道路に適用するとどうなるのか。美濃部氏の名で書かれた論文がある。「特集・ゴミの政治学」（『朝日ジャーナル』一九七二年四月七日）の「三つの戦い」という論文だ。太田久行氏の証言によると、この基本部分を書いたのは太田氏で、美濃部氏が筆を入れ公表したもの。ゴミ戦争のさなかで論考の大半はもちろんゴミ問題に割かれているが、街づくりの歴史や役人支配などを分析している。

問題は「都市改造の七つの柱」という項だ。①シビルミニマムの実現と底上げ、②いままでの都市づくりの青写真が上からの権力的な形で示されており、都民参加のない都市づくりは都市改造たりえない、③都市づくりは十分な資料と討議で行われるべきだ。都市づくりを「空想から科学へ」変える、④都市づくりは鉄とコンクリートだけではなく、あくまで人間を主体に考える必要がある、政治経済優先の都市づくりを生活機能優先の原理に改める、⑤（後述）、⑥自治体の責任とリーダーシップの確立、⑦平和と民主主義――を挙げた。

①道路－車道＝歩道
というやり方を
②道路－歩道＝車道
に改める

⑤番目に「道路の哲学」が具体的に述べられている。つまり、人間（歩道）が優先し、残りが車道という方程式だ（上の表）。

「東京に即していえば、都心部と高速道路が、ほかの地区とくらべてあまりにも整備されすぎていることはあきらかだ。格差が大きすぎるのである。生活機能優先の原理を、たとえば道路において確立するならばという発想と方法に転換させることである」と明快だ。

美濃部知事は36号道路の建設をめぐって「住民の意思を問うために、私が（昭和四十七年に）住民投票を提案したのも都民参加の試みであり、民主主義の一つの実験でもあった」（『都知事12年』朝日新聞社、一九七九年）と主張している。「橋の哲学」の具体的モデルとして36道路が選ばれた。堤らによると、「36道路問題が選ばれたのは、反対運動に政党色がなく、親美濃部派が多いと考えられた節がある」という。

◇新しい道路哲学

36号の住民の動きと、美濃部知事の「橋の哲学」表明を受け、七月十九日に、小竹会館で発足したばかりの都民室の佐藤文夫室長らと住民が集会を開催した。

席上、佐藤室長らは「人間優先の新しい道路哲学に基づいていっしょに考えていこう」、「知事も住民との対話集会を望んでいる」などと語りかけた。

住民から「都計審で決定された計画でも白紙に戻せるのか」と質問がだされた。都側は「いったん決まった都市計画を止める場合、政治的な責任を問われるだろうが、美濃部知事はそれでも構わないといっている、あくまで皆さんしだいだ」と回答。平尾や堤らは喜んだ。

一方都庁内では、都民参加の錦の御旗を掲げる都民室と、実行部隊の建設局の間で、部局間（省庁間）ポリティックスが始まっていた。（注６）

「白紙に戻しても」という〝住民寄りポーズ〟の都民室に対し、実行部隊の建設局は「放射35、

36号線は、道路の地下に営団地下鉄８号線を走らせる計画とセットになっていて、一九七三年（昭和四十八年）完成を目指して進んでいる。また自動車を通さない道路を作ることになるとすれば、国の補助金が打ち切られてしまうことが予想される」と、工事のスケジュールと財源の原則論で譲らない。

建設局は「出来もしない都民参加による道路建設など良いカッコをするな」「後始末をどうつけるのだ」と反発した。富裕団体の東京都でも道路予算は巨額だ。放射35、36号線の建設費は三〇〇億円で、国からの補助率は三分の二と高かった。車道四車線以上が条件で、自動車を通さない「公園道路」であれば返上しなくてはならない。

二期目で三六〇万票という圧倒的な支持を得た美濃部政権であるが、都庁内には、「原理主義派」＝小森武グループと、「知事に恥をかかせられない」という軟着陸を目指す「都民局派」、従来の天下り都市計画の「事業部局派」、さらに典型的役人対応の「様子見派」の四派が存在していたと思われる。

◇鳴り物入りの市民会議

一九七二年七月三十一日、都市センターホールで「放射35・36号道路対策協議会」など住民運動六団体が呼び掛けた形で、第一回「市民会議」が開催された。三四団体の八四人、専門家・学者ら四〇人、そのほか都庁職員らが参加。小森グループの都政調査会の機関誌『都政』が交流を仕掛けたとされる。『都政』一九七一年十月号の特集号「東京の住民運動——課題と展望」に詳細が記録されている。

巻頭コラム「海燕」は「白紙還元を参加の原点に」と題して、都民参加の意義をぶちあげた。「知事の『橋の哲学』を拠点とした住民運動が陸続と旗揚げをし、従来からあった運動も、知事のコトバを引用しながら行政側に迫るというパターンが出来上がった」と解説。「放射35、36号の問題にしても、世田谷南部の区画整理にしても、多摩川沿い道路にしても、外環にしてもすべて同じである。まず『白紙』還元があり、それからが出発なのである」と、都下の公共事業で問われる「公共性」を行政官僚の独占から、住民と対等に話し合う「白紙」に一旦戻してスタートラインとすることを主張したのだった。「広場と青空」の具体的な〝広場〟こそが、「市民会議」なのだ。

市民会議の冒頭、平尾は呼び掛け団体の一人として、「今東京の中で環境破壊とか、建築公害とか、道路関係の問題が起こっておりますが、これは産業優先の政策の中から起きてきた。私達の人間尊重、人間優先の都政なり、行政なり、政治を変えさせていくのは一つの住民運動だけではどうにもならないんじゃないか、なんとかこれは広く手をつないで皆さんでそういう政治を変えさせていかなければならない」と集会の意義を説明した。

堤も発言し「(建設局、首都整備局の)事業局の方達に、どうしても住民の意思を組み込まなければ都市改造とか、都市計画はありえないんだということを分かってもらう。そのことが必要なんじゃないかと私どもは考えている」と、古い体質の事業部局をやり玉にあげた。

第一回会合は四時間の白熱の議論となった。

36道路問題の関係者は特集号で、美濃部知事の「橋の哲学」演説を取り上げ、「明らかに住民自治による地方自治の確立への宣言であり、明治以来百年の国家志向の官僚政治を生活志向の住民政治に転換する意思の表明だ」と絶賛した。

ところが、九月二十三日、「道路問題を考える第二回都市づくり市民討論会」（第二回市民会議）では、市民間の対話がうまく行かないことが報告された（『都政』一九七二年二月号）。

道路問題でも建設賛成と反対の市民間では議論がかみ合わなかった。その後、市民会議はほとんど報じられることはなかった。鳴り物入りで始まった市民会議は、わずか二回で消滅してしまう。住民運動は、それぞれ地域性があり、簡単に共通項を見出すことは難しく、市民間の討議による問題解決という構想は竜頭蛇尾に終わった。

◇都知事と対話

36道路問題の動きに戻る。同時期に美濃部都知事と放射35、36号線の住民との対話集会が真夏の八月十二日から九月十日まで七回開催された。

第一回集会（都庁ホール）で美濃部知事は「都政参加というものは、西欧の民主主義諸国家におきましては、日常茶飯事の常識的なことであると考えられているにもかかわらず、日本においてはおそらく初めての企画であり、初めての試みであるといっても過言ではない。（中略）たくさんの試行錯誤あるいはまた誤りをおかすことによって混乱が起きるということも覚悟しなくてはならない、しかしこの都民参加という民主主義的な都政の運営が成功する、そのほとんど絶対的な要件というものが一つある。それは都民がそういう方向に進むことを積極的に支持し、協力してくださることだ、そう確信しております」とあいさつ。

美濃部知事は36号線について「この計画は長い歴史を背景に持ち、また都計審に対して私はほとんど無力に近い、だから完全に白紙に戻すことは無理である」と一応断った上で、⑴学校用地を削ることは好ましくないので道路の「地下化」、⑵商業地、住宅地、大宮バイパスとの接続の、三つの環境に合わせ道路を三種類にすることを――検討すると表明した。

これに対し、要町の参加者からは「何をぐずぐずしている、早く作れ」「補償はどうなる」、小竹小ＰＴＡらからは「小学校（の校庭）を削らないでほしい」の要望。平尾ら協議会からは「自動車のはてしのない増加に手を打たないで、道路を作るのは無意味ではないか」などの意見が出された。

堤は「何やらすべて知事に先取りされた感じ。公園道路にせよ、建設を認めた上での話し合いという感じになってしまう」と、都庁サイドとの思惑の微妙な「ズレ」を感じ始めた。

七回の対話集会後、都は「そこでの意見をもとに都が原案を作り地域に示す」と約束した。しかし、一向に果たされない。

大きな理由は、美濃部政権はこの秋、ゴミ戦争という「最大の難題」を抱えていたことだ。美濃部知事は九月二十八日の都議会で「ゴミ戦争」宣言を行い、江東区を中心とする対応に忙殺されるようになる。美濃部都知事にとって「ゴミ戦争」は、「対応を誤り、ゴミが市中にあふれれば、責任を問われ辞任も覚悟しなければならない」（太田久行氏）ほどの重要な政治的争点になってしまった。放射36号問題どころではなくなったのだ。

◇運動分裂へ

実は協議会内で、このころから世話人内部に「微妙な不協和音」が生まれてきた。道路の線引き内の反対派と、建設促進の「改良派」、さらに男性と女性のいがみ合い、「改良派」が主導権を握るために出してきたピラミッド型の組織か、幅広い参加を容認する柔軟な組織かをめぐる問題を軸にした複雑な対立が生じた（注：道路が計画決定されると、計画内にある家屋の改築・売買などが大幅に制約される。このため動くに動けない住民が現状を「〈蛇の〉生殺し」と形容した。現在も北区の志茂補助86号線などで住民が長年苦しんでいる）。

平尾らは、もっと多くの声を直に知事に届けるためにと、知事への手紙運動を計画。一〇〇通余りを集める。九九％が道路計画に疑問を投げかけていた。しかし、手紙運動は、一部世話人の反対にあい、お蔵入りとなってしまう。

「理論が正しかったから運動がここまで発展した。女連中がやたらに（都庁内を）動き回るのは無意味だ」という思いを抱く一部の男性世話人。

戦前・戦中に教育を受けた当時の中高年男性には、女性蔑視・差別観が色濃く残っていた。女性が運動の主導権を握ることへの男の反発・嫉妬が加わる。

平尾や堤ら女性陣は、都民局や広報室などではいつでも局長や部長と会えるほどの「顔パス」と新聞記者顔負けの存在になっていった。力を付けた主婦らは「運動が成功するにはなによりも数とエネルギーが必要なのに、その担い手は主として主婦なのに」（堤）と不満が充満、一触即発状態にエスカレートしていった。

幹部会では大企業や官庁、組合、大学などに所属する男性陣は、「女の会議は非効率」と決めつけたが、女性メンバーからは「（ピラミッド型の）固い組織は運動にそぐわない。めんどうくさいことはごめん。でも気づいた人がやっていけばいい。あんまりややこしいことをいうんじゃっていてはいけない」と反発が出たという。

堤らが残した手書きメモによると、平尾らは、後々まで住民運動は新しいジャンルで、既成の組織を当てはめることが無理ではないか、枠にはまらない流動的な部分を残しておくことが、常に新しい住民のエネルギーを受け入れ得る条件なのではないか、新しいシステムが必要だ、と現実に即した組織論を模索する。

男女をめぐる感情的な対立に、「知事が良い道路を作るといっているのだからこの辺で話し合いに入れ、（改築などもできない制約がある）生殺しはもうごめん」という改良派と、「都がまだ原案も提示していないのに建設を認められない。絶対反対」という反対派の対立は抜き差しならない状態に陥り、世話人会も開けない状況に陥った。

平尾らは分裂の危機に追い込まれ、運動を立て直すために都から原案を出させる必要があると判断し、「反対派」有志六人で一九七二年秋、知事への直訴状をしたため対応を迫った。一方、改良派世話人も都に建設促進の要望書を提出した。

平尾は後年「昭和四十七年の運動分裂が一番苦しかった」と回想するが、実は「都のお役人が改良派にだけ情報を流し、住民の亀裂を広げる」暗躍をしていたという疑いを抱いていた。それは後述のように、思いもよらぬ仕方で顕在化する。

◇デンバー方式住民投票を表明

この間、東京を震撼させる出来事が発生した。五月十二日に都内数カ所で光化学スモッグ被害が発生、二十六日に環状七号線に近い練馬区立石神井南中学校で光化学スモッグによる重症の生徒が続出、しかも三日連続で発生した。新聞・テレビは連日大きく全国的に報道した。学齢期の子供を抱える親たちはパニックに陥り、美濃部知事も石神井南中を現地視察。その後、都内での自動車規制を巡り、警視庁の警視総監と意見が一致しなかったこともあり、都知事として36号問題をこれ以上放置できない社会情勢にあった。そこで美濃部氏が打ち出した「窮余の一策」が、36号線問題を住民投票という民主主義的手法で解決するという方針だった。

その伏線がある。一九七六年の冬季オリンピックの開催地に決まった米デンバー市で大会経費をコロラド州から支出することへの反対が高まり、一九七二年十一月七日に住民投票に掛けられることになった（結果は、反対が過半数で大会返上が決まり、オーストリアのインスブルックに変更）。

十一月初めごろからのデンバーの住民投票実施、そして冬季オリンピック返上という大々的な報道に触発されたのが美濃部知事だった。都庁の記者クラブ詰めだった毎日新聞の「エース記者」内藤国夫氏は、デンバーからの報道を見て、記者仲間との会話で「やっこさん（美濃部知事）なら飛びつくはずだ」と予想していたという。

はたして美濃部知事は十一月十日の定例会見で、「以前から住民投票のようなもので決着をつけられないか考えていた」として、六つの案を提示して住民投票にかけ、その結果を尊重する方針を表明した。公共事業の是非を住民投票で問う手法は日本初だ(注7)。

同時に美濃部知事は、投票できる住民の範囲や内容などを検討するため委員会を設置する意向も表明した。後に「36調査会」と名付けられる知事の諮問委員会で、そこでの議論が、後々大きな影響を与えることとなる。

『読売新聞』の記事に美濃部知事の考え方が反映されている。

美濃部知事は「以前から住民投票のようなもので決着をつけてはどうかと考えていた。こうした方式は、行き詰っている同じようなケースの都市づくりの民主的な打開策として、今後も活用したいが、すべての問題に適用できるかはむずかしい。あんまり混乱するようだったら、考えなければならない。清掃工場のように、反対する住民は説得して、どうしても建設しなければならない場合は、住民投票制度を適用できないと思う。いわゆる住民エゴイズムを心配する声があるだろうが、都民の良識を信じたい」と語った。

これに対し、平尾らはしばらくして正式に反対を表明する。「デンバーにおける冬季オリンピック開催の是非を納税者に問うためならいざ知らず、道路建設の是非を住民投票によって決めるなどということは**極めて危険なことである。一見民主的なようにみえて、そのじつ多数が少数の関係住民の声を圧殺するための儀式になりかねない**」。平尾らが美濃部氏の方針に難色を示したのは、直接利害者ではなく、距離のある住民も投票した場合、「便利さ」志向によって道路建設容認の投票結果が出る場合もあり、そうなれば住民投票が「錦の御旗」となって、建設が容認されたということになりかねないリスクがあったからだ。

この後、平尾ら反対派と女性陣は、都からとんでもないしっぺ返しを食わされ、ドン底に突き落とされることになる。

第3節　36調査会

一九七二年十二月二十六日、美濃部知事の発案による住民投票の実現を探るための「放射36号道路の住民投票に関する調査会」(「36調査会」＝さぶろく調査会)が発足した。学識経験者八人、住民代表四人の一二人で構成された。

調査会は一九七三年(昭和四十八年)八月に「中間的まとめ」、一九七五年(五十年三月)に「最終答申」を出すまで計一三回開催された。その他、現地視察や、予備調査、世論調査、起草委員会など小委員会が四〇回開かれた。掛かった費用は、約四三六〇万円と当時として大判振る舞いだった。

委員は以下の通り。

①石井興良(日本鉄塔工業副社長＝元都建設部長)互選で座長
②井出嘉憲(東京大学社会科学研究所教授)
③小口春雄(練馬区住民代表)

第一回調査会（東京都資料集から）

④小倉貞男（読売新聞社論説委員会委員）
⑤木原啓吉（朝日新聞社東京本社編集委員）
⑥高橋時義（練馬区住民代表）
⑦西平重喜（統計数理研究所付属統計技術員
養成所長）
⑧西森達雄（板橋区住民代表）
⑨原田　廣（中日新聞社東京本社論説委員）
⑩牧内節男（毎日新聞社東京本社論説委員）
⑪松原治郎（東京大学教育学部助教授）
⑫三原　輝（板橋区住民代表）

東大の著名な教官二人、新聞社四社の論説委員クラスで、木原氏は環境問題に造詣が深く後に千葉大教授に就任した逸材、西平氏は世論調査の権威で錚々たる陣容だった。

十二月二十六日に都庁内で第一回会議が開催された。美濃部知事は冒頭、「36号線をどう作ったらよいか、住民投票によって住民の意思を十分に斟酌して決定したい。しかしながら投票による票の差が非常に小さいときは、諸般の事情を斟酌して、結果的に投票順位と逆になることになるかもしれないが、大体において住民投票の結果によって決定したいと思っている」と明言。その上で、都の案として六案を考えているが方法や手法などを検討してもらいたい。住民投票の結果によっては、成田新幹線などの問題についても、こうした住民投票が可能かどうかを考えていただきたい、と公共事業全般への「橋の哲学」の適用可能性を探ることも諮問した。

◇女達を外せ

鳴り物入りでスタートした36調査会だったが、住民代表は建設促進派二人、「改良派」二人だけが入り、反対派は一人も選ばれなかった。**平尾ら女性陣は、完全に外されたのである。**

平尾によると、都は36委員会の委員の選考過程を改良派にだけ教えていた。平尾は「もし立場上うそをつくことがあっても、だましたり、おとしいれるようなことは絶対許さない」「反対派を一人も入れなかったフミさん（注：佐藤文夫都民室長）は一生恨む」と後々まで恨み節を続けた。熱血リーダーとしては、よほど腹に据えかねたのだろう。

反対派はどうするべきか。

〝軍師〟堤が切り出した。「できるだけ大勢の人の声を集め、その声を36調査会に届けましょう。私たちはみんなの意見で運動を進めてきたのですもの」と。そこから女性陣の猛烈な巻き返しが始まる。

一敗地にまみれた彼女たちは「自分たちが泥まみれにならなければ」（堤）と、地を這うようなゲリラ戦（情報戦）で、調査会メンバーに地元の声を伝え、住民に事実を届ける戦術を取ることになる。

具体的には、彼女たちは、毎回調査会に十数人が傍聴に出かけ、議事を記録、その要旨をガリ版で一五〇〇部刷って地域に各戸配布した。議事録は八回分残されている。ＩＣレコーダーもパソコンやワープロ、メールもない時代で傍聴した議事を記録をすることは大変な労力を要した。

そして調査会の毎回の討議内容について、住民の意見書を委員に提出した。彼女たちの「質問・意見書」をみてみよう。

第一回目の調査会には、「過去における保守都政の秘密主義に比べれば、住民投票は民主的な方法の一手段であることは理解できますが、十分に対話を尽くさず、期日まで決めて拙速に住民投票を行えば、形式的、手続き的民主主義におちいる恐れがあり、運動がつみ上げてきた成果を無に帰する危険さえある」と反対を表明した。

◇紙つぶて作戦

第四回会合（一九七三年三月十日）が一つの転機となった。会合では、一酸化炭素濃度や騒音、振動などの資料が都から説明された。学識経験者の松原委員らから、道路ができた場合の地域環境への影響度合い、公害面への影響、都案についての代案などで情報公開が必要だ、「**欠けているのは、この道路がどの程度必要かのデータだ**」と発言があった。松原発言は反対派が当初から要求していたことだった（「そもそも」論、「必要性」に関係する）。

これを受け平尾らは意見書で、①車の排気ガスによる沿道住民の生活に悪影響を及ぼすだけでなく、広域汚染につながることは、石神井南中の光化学被害に関する環境庁の中間報告でも明らかである。車の増加率を追いかける視点からのみの道路建設は都市住民の生命と健康を脅かす更に重大な事態を招くのではないか、②東京都の現状は都市交通政策の転換が迫られていると思われる。都市交通の主役をいつまでも自動車と考えての都市づくりは、都市構造上とりかえしのつかないあやまちを犯すことになるのではないか——などと指摘した。

一方、平尾らは、協議会「有志」の名前で、全体で一五七世帯、小竹で一〇〇世帯の声をまとめ意見書をガリ版で作製した（区域分けで、Aは道路計画線引き内、Bは計画道路に面したところから三軒目まで、Cはそれより後背地を指す）。

A地区の意見。

「道路建設は再検討の上中止。36号道路は現況より見て必要性を全く考えられない」

「反対。環七道路の被害の甚大なこと。人間の住める環境ではない。環境基準を四倍もオーバーしている」

「決定を早くしてほしい。（中略）決定が長引くのみの反対運動は、私の生活方針を決めることを遅らせるのみで迷惑なことだ。道路建設即公害とは考えず、道路の使用目的（例えば非産業道路とし、幹線道路とはせず公園道路とするなど）によって公害発生をおさえ、地域住民のプラスになる方向にもっていってほしい」

B地区の意見。

「悪名高い環七公害を36号道路に拡大再生産するだけに終わる」

「36号道路づくりはごめんです。小竹町は環七でも困っています。騒音と振動もひどいものです。折角静かな住宅街を、人の住めない死の町にしない様に」など。

C地区からもほぼすべてが反対一色。

「美濃部都政に対しては少なからぬ敬意を表する者です。何とか都民本位の都政をと云うことで、為政者としての苦悩のほどがよく解される。これが従来の都政であったら、如何にして都民をゴマカシ、或いは一部の要求を満たしていくかと云うことで汲々としている本心がみえ不快なものであったことを想起し度い」という意見もあった。

地域をくまなく回り、情報を届け、意見をくみ上げる「シコシコ作戦」（堤証言、山田資料、第6章一九四頁）は、地域の世論形成、女性たち主導の運動への信頼感形成に大いに影響した。

平尾らは、地域の「生の声」を届けるために手紙を集め冊子にし、学識経験者を訪問し直接地域の実情として伝えた。各委員にも個別に意見書を手に「賛成派はこういうことを言っていたが、本当は違う」と直談判。ついに朝日新聞の木原委員が、意見書を36調査会に持ち込んで「**こういう声もあるのだから反映させなきゃいけない**」と発言すると、地域に根を張っていない賛成派の委員は黙ってしまったという。

36調査会は一九七三年（昭和四十八年）八年五月、「地元の雰囲気を直接肌で感じ、討議をみのりあるものにするため」にと知事も出席して「住民の声を聞く会」を六カ所で開催することになった。

聞く会では、女性たちは住民の声を収録した印刷物、警視庁の「35、36道路関係地域自動車交通実態調査」、区公害対策課の公害調停等を基にした各種資料をガリ版刷りで作成、対話集会の会場で配布、そのために要したザラ紙は五万六〇〇〇枚に及んだという。女性たちの「紙つぶて作戦」が奏功し始める。

◇ゼロ案の検討指示

ついに昭和四十八年四月十日の第九回会合では、36号道路を「白紙」にする案も検討された。これまで見てきたように、道路計画や公共工事をめぐる紛争で一番大きな争点となるのが、この計画の白紙撤回（ゼロ案）だ。

美濃部知事が「ゼロ案」を検討内容に含めると示唆していたのは、オカミ主導の都市計画にとっては革命的な考えだった。

ある委員は「住民意見の中には、36調査会ではいわゆる『ゼロ案』を考えないで道路を作るという前提で調査を進めているという発言があった。そうではないとは言ったが、もう少し詰めてみたいと思う。**都のゼロ案についての考えを聞きたい**」と切り出した。

都側は「いわゆる『ゼロ案』というものは、36号道路計画を廃止することであるが、結論的に云えば、法律的には可能であるが、一般的には困難で、事務的には不可能にちかいものである。その事務手続きについていえば、都知事が廃止の原案を作って、それを都計審にかけ、さらに建設大臣の認可が必要になる。（中略）このような点を考慮すると、36道路のこの部分（小竹・向原）

を永久に不必要として廃止する理由付けができない。つまり法律的にはやることはできる。しかしながら、納得し得る廃止の原案をつくることが非常に難しい」と旧来の考えを繰り返し、消極姿勢を回答した。

これに対し美濃部知事は、「もし道路をつくらないことを実行しようとするならば、都計審で廃案にしなければならないが、それは実際問題としては不可能に近い。しかし道路をつくらないという道が完全に閉ざされているわけではないので、36号道路をどうするのかという問題においては、ゼロ案も含めて検討してほしい」と念を押した。

◇中間とりまとめ

こうした議論を踏まえて、昭和四十八年八月十五日、調査会は「中間的なまとめ」を出す。中間まとめは調査会発足以降、

(1)　道路と住民はどのような関わり合いを持つのか
(2)　道路と自動車公害との関係をどうとらえるか
(3)　道路に関する考えはどのように変わってきたのか
(4)　都は住民の期待にどのように答えねばならないか

という、住民との基本的な在り方に取り組んできたと前置き。自動車交通量の増大、住宅の密集化、自動車公害の激化などにより、地域住民の道路観が変化、これまでの道路づくりの基本姿勢がいまの市民感覚に必ずしも適合していないことを改めて認識させられ、調査会委員自らが

「学習」したと表明した。

その上で調査会は、道路づくりの基本的な条件として、次の三つの方向性を打ち出した。

(1) **道路の環境予測**：従来の予測は方法などで不十分として、科学的・総合的な予測が必要とした。

(2) **情報公開**：道路づくりに関する資料、計画内容はもとより、計画作成の段階からつねに住民に公開される必要がある。情報は分かりやすいかたちで積極的に住民に提供。

(3) **参加**：計画作成段階から地域住民の考え方が十分反映されるよう住民参加が必要。住民の意志表示の機会の保証で都は協力するべき。

単純に住民投票さえ実施すればいいというものではなく、情報公開と、計画策定段階からの住民参加など、今日の道路建設紛争でも傾聴に値する内容が含まれていると思われる。

中間まとめにより、①**道路問題で日本初の環境アセスメントの実施**、②**地域向け情報紙『まちと道路』を発刊**（一九七五年九月まで計一一号が発行）、③計画地域を中心とした**世論調査の実施**、④**対話集会**――が具体化する。

保守的体質に慣れた都官僚にとって誤算だったのは、**都民参加を表面的に取り込みながら、建設やむなしに導くはずが、調査会が自分で考えて発言しだしたことだったろう**。「(官のいいなりの)アヒルの卵」のはずが、「(民主主義という)白鳥」が孵ってしまったということだろうか。

役人が審議会や諮問委員会などの裏で糸を引き、自分たちの思惑通りに誘導しようという常套手段が破綻した。

◇環境アセス・世論調査・情報公開

以下、中間的まとめの方針が具体化された様子をみてみよう。

第一の環境アセスメント（以下「環境アセス」）は六つの道路計画案について実施され、一九七三年十一月二十三日の『まちと道路』三号（四ページ）で住民に公表された。

次に、調査会は、「36道路の決め方に関する世論調査」を実施した。対象地区の有権者約二二万五〇〇〇人から無作為抽出で三〇〇〇人を選び、対面調査で実施し、四月二十七日に公表された。

調査は、第一ゾーン（建設予定地線引き内）、第二ゾーン（予定地から五〇メートル以内）、第三ゾーン（同二〇〇メートル以内）、第四ゾーン（その他）に分けて行われた。

「36道路をどうするかが問題になっていることを知っている」人は、第一、第二ゾーンが九割以上で、第三ゾーンでも八割が「知っている」と回答。第四ゾーンでは六割以上が知らないと答えた。

「住民運動が起きていることを知っているか」は、第一、第二ゾーンは九割近くが知っているが、第三ゾーンでは七割弱、第四ゾーンにいたっては六割余りが知らないと回答。

調査の主題である最重要の問い(7)は、「36号道路を地元住民の意向によって決めるために、調査会では、つぎの四つの方法を考えています。これらの説明をしますから、それぞれについて、あなたのお考えをお聞かせください。もちろんどの場合でも対話や説明は十分に行われるものとします。

(1) 都が、いろいろの道路の計画について説明したあと、世論調査はしないで住民投票によっ

住民の意向を知る方法

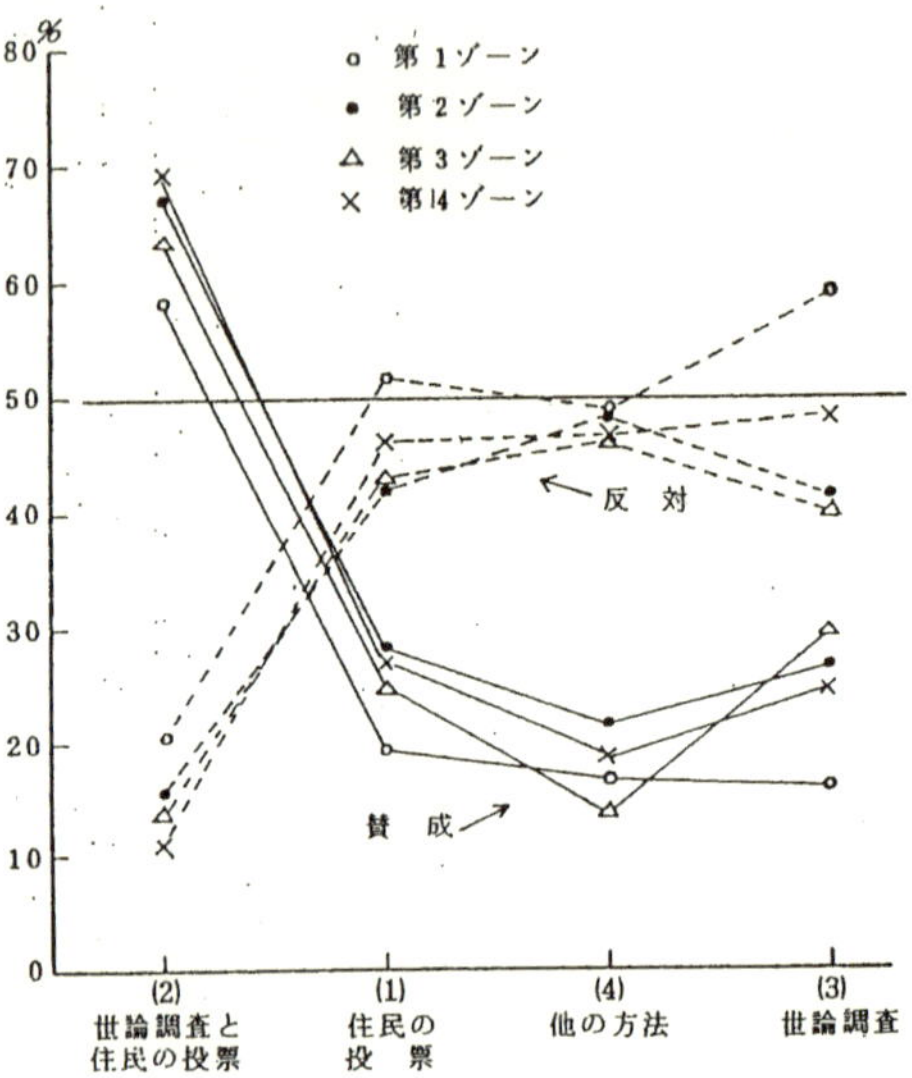

出典：『まちと道路』

て決める（世論調査とはこの調査ではなく、別の調査のことである）。

(2)　都が、いろいろの道路の計画について説明したあと、まず、世論調査によって住民の意見をしらべ、その結果を公表し、最後に住民が投票して決める。

(3)　都が、いろいろの道路の計画について説明したあと、住民投票は行わず、世論調査によって住民の意見を調べ、その意見にもとづいてきめる。

(4)　都が、いろいろの道路の計画について説明したあと、住民による投票や世論調査以外の方法で住民の意見を見きわめてきめる。

この四択から選ばせるという内容。結果は明確なものだった（グラフ参照）。一番左の(2)の「世論調査と住民投票」の組み合わせが、どのゾーンでも六割から七割の支持を得た。反対は二～三割にとどまっている。(1)(3)(4)はどれも反対が四割以上、賛成が二割にとどまった。男女差や、年齢差、居住歴、職業でみてもすべて(2)の組み合わせ方法がほぼ六割以上（年齢では五十、六十代が五〇％支持）を得た。

◇「参加の憲法」

36調査会はその後も、多くの議論を進め、一九七五年（昭和五十年）三月十日に、最終提言を美濃部知事に答申した。平尾らは最終答申を「参加の憲法」と意義付けている。

しかし、当時の新聞の扱いは控えめだ。大手紙は東京版地方面で三段前後の扱い。これだけ注目されていたのに不思議だ。その理由は、諮問した美濃部都知事自身の三選出馬をめぐるドタバタ劇に社会の関心が集まり、放射36号道路という「小さな民主主義の実験」には目が向かなかったからだと思われる。

最終答申を見てみよう。最終答申の構成は以下の通り。

(1) 考え方の筋道
(2) 住民の意思を問う方法
(3) 組織体制の整備
(4) 準住民投票の性格
(5) 住民投票をするに当たっての留意点提言に当たっての配慮

答申は、知事が提起した道路問題での住民投票について、先進的な欧米の状況について具体的な事例を複数挙げ、「代表民主制＝間接参加の統治構造の中で、直接参加の制度が効果的に活用され、しかもそれが『参加革命』の旗印のもとに一層推進されようとしている」とグローバルな動向を紹介。36道路問題でも住民投票の採用は「**古い道路づくりから新しい道路づくりへの転換をすすめるうえで、文字通り革新心的なアプローチ**」だとした。

しかし答申は手放しで住民投票を支持しなかった。住民投票はいわば「アンカー」の役割であって、その前に、環境アセスメント、情報公開、参加を前提に、住民投票にかける原案作りそのもののプロセスに、行政と住民がさまざまなレベルで対話し、世論調査などで、「（住民投票の）原案を絞り込んでいくこと」が重要だとした。

◇「ゼロ案」外さず

答申の白眉《はくび》は、計画そのものの白紙撤回、いわゆる「ゼロ案」について言及したことだ。答申は、対話集会などで出された①片側二車線道路（車道中央式）、②同（車道分離式）、③片側一車線道路（車道中央式）、④同（車道分離式）、⑤先行取得用地の公園化（公園道路）、⑥地下鉄建設のみ――を具体案として挙げた。

その上で答申は、新たな案として注目されてきたものとして「**道路計画そのものを廃止するいわゆる『ゼロ案』がある。住民参加の理念を取り入れた新しい道路づくりの在り方という観点からすれば、道路をつくるという既定の姿勢を崩さず、いわば〝住民の手をしばった〟形のままで問題を処理しようとするのは妥当ではない。これまでの道路づくりの在り方を改める姿勢を明らかにし、かつ今日の社会環境の変化を受け止めて新しい道路づくりの在り方を模索することを可能にするものとして、いわゆる『ゼロ案』の存在が象徴的で、重要な意味を持つ**」と評価した（第

8章で詳しく述べる)。

まず答申は、ゼロ案の定義として、「『ゼロ案』とは道路計画決定の廃止を意味する。そのためには、都市計画審議会の議をへて、都市計画決定廃止の手続きをとる必要がある」と明記。「したがって、**他の代替案とあわせて『ゼロ案』の可否を検討する機会が住民にたいして提供されるべきである。ただし、この場合、『ゼロ案』に内在されている制度的、技術的制約をはじめ、各種の困難な諸事情が住民に対して十分しらされなければならないことはいうまでもない**」と述べた。

答申の核心は、行政と住民が対等に主体として向き合うことだ。つまり美濃部知事が提唱した「橋の哲学」の精神を生かした、市民による公共事業へのいわば「抵抗権」(ジョン・ロック)の容認だったと位置付けたい。

◇原案絞り

答申は、アンカー役の住民投票の具体策として、「原案しぼり」を提起した。

住民投票では例えば、「あなたは○○式の36号道路建設にイエスかノーか」という選択肢が問われる。五案も六案も示して選ばせるというのでは民意が明らかにならない。しかし、その原案が行政や一部住民に都合の良い、誘導的な選択肢であっては、民意の内容の薄いものとなってしまうリスクがある。

耳慣れない「原案しぼり」とは、「住民の合意に裏付けられた単一原案」そのものを民主的手続きで練り上げていくことに他ならない。それがあればこそ、住民投票の結果は、住民自身が納得して民意を問うものとなることができるとした。

答申はさらに公平さを担保するために、二つの機関を設置するよう求めた。具体的には、

(1) 都庁内に具体的な問題の権限を有する規制部局をまとめるための横断的な「組織」と「トップ」（例えば副知事）を据えること（今日的には「タスクフォース」）。

(2) 行政と住民の間に入って助言や援助、議論の交通整理をする、専門的な知識や経験を有する若干の学識経験者で構成する「第三者機関」（「36問題助言グループ」仮称）を設置すること

――を求めた。

答申は、豊島区、板橋区、練馬区の関係地区で住民投票する場合の費用を約一億円、36道路建設費の約一％と試算した。

◇第三者機関

三選出馬に踏み切ったばかりの美濃部氏は、「住民の合意を得ることが道路づくりの原則になっていたら、環状七号線のような公害の多い道路はなかったに違いない。**行政が一方的に道路を作るのは一種の犯罪行為だ**」（朝日新聞）と語り、答申を尊重する考えを表明した。

ところが、「参加の憲法」である最終答申は出たものの、都の財政は石油ショックによる税収の落ち込みで火の車となり、36道路事業は事実上「凍結」されてしまう。36道路問題は前半の幕がおり、世間・マスコミからも次第に忘れられていく。

注1　「女たちの道路戦争」と名付けた理由は、二つある。一つは、美濃部都政では「ゴミ戦争」「財政戦争」など「〇〇戦争」と名付けて論争を巻き起こし世論を「操作」する手法が使われたこと。二つは、重要な役割を果たした二人の女性が、戦中派だったこと。最後に、女性たちを中心とする住民運動が男たちの思惑を超え、道路計画を巡る凄まじい戦いのなかで「政治的市民」として成長していったからだ。ちなみに「ゴミ戦争」は、美濃部氏のスピーチライターだった太田久行氏（政策室長、作家童門冬二）の造語である。ゴミ戦争については別の機会に記す。

注2　環七は大気汚染や騒音など公害の象徴的存在となった。東京都は「環七対策会議」を結成して、対応に当たらざるを得なくなる。公式文書としては都民生活局「環七対策会議」が詳しい。早稲田大学寄本勝美ゼミでは、六期生が「環七問題」の深刻さを『都市問題』（一九七八年）で報告、注目された。

注3　東京都都市計画審議会は、都が都市計画を定めるときに、都市計画法に基づき都市計画案を調査審議する機関。都市計画は都市の将来の姿を決定するものであり、住民の生活に大きな影響を及ぼすので、都市計画を定めるときは、行政機関だけで判断するのではなく、学識経験者や議会の議員、関係する国の機関、区市町村の長などから構成される審議会の調査審議を経て決定する（東京都ホームページから）。しかし都議会のチェックも、住民からの意見を対話で聞くこともない。行政の中だけで自己完結してしまう。特に旧都市計画法の決定は大きな問題を孕んでいる。

注4　美濃部政権では特異なことがあった。「影の知事」といわれた元ジャーナリストの小森武氏らを中心とする革新的知識人グループの存在だ。「小森グループ」は、首都東京の抱える都市問題を都民参加（＝市民参加）で解決すると同時に、「成熟した政治的意識」を持った市民層、そして社会主義の担い手を形成するというビジョンを背景にもっていた。本書では物語が進むにつれて、美濃部氏本人の考えや小森グループ、都庁の役人らの動向にも触れることになる。

また小森武氏は、美濃部氏の「分身」、「影の都知事」として美濃部都政を裏方から切り盛りし、政策立案、議会対策までほぼすべてを仕切った。美濃部氏が「小森の言うことは自分が言うことと思え」といったことで、都庁官僚には「得体のしれないものが都政を壟断する」という反発があったとされるが、その実力ぶりが認められるにつれ、都庁近くに構えた事務所から「十階の先生」といわれるようになる。

戦前、人民事件で弾圧された経験からか、部下がメモを取ることさえ禁止する徹底的な情報管理ぶりで、著作が『都市づくり』（河出書房新社一九六五年）一冊しかなく、研究者・ジャーナリスト泣かせだ。小森氏とそのグループの考えを知るには、小森氏が主宰した財団法人東京都政調査会が発行した月刊『都政』が第一級の資料となる。

小森氏と美濃部知事の関係や、小森氏の役割、美濃部政権の裏舞台について「鼎談　『軍師・小森武（美濃部都政）を語る』」（『都政研究』二〇一四年六月号）がある。語り手は、塚田博康（東京新聞ＯＢ）、童門冬二（太田久行）、大塚英雄（都政研究主筆）で、有益だ。

なお小森氏と美濃部氏、さらに福田赳夫元総理大臣や福家俊一元官房長官ら自民党人脈など戦前からの人間関係を紹介したものとして鳴海正泰関東学院大学名誉教授（飛鳥田一郎横浜市長のブレーン）の「【覚書】戦時中革新と戦後革新自治体の連続性をめぐって――都政調査会の設立から美濃部都政の誕生まで」（自治総研通巻四〇二号、二〇一二年四月）に教えられた。

注5

美濃部都政の公共性哲学の中核には、「橋の哲学」がある。これを再考していきたい。冷戦終結と、新自由主義の崩壊を目撃した「ポスト・リーマン・ショック世代」には、美濃部都政など革新自治体時代を冷静で客観的な眼で見つめ、評価することが可能なはずである。「社会主義だったからすべてだめ」、あるいは「社共統一だった昔はすべて良かった」というノスタルジー的見方は公平ではないし、客観的ではない。

「橋の哲学」はアルジェリアの革命家だったフランツ・ファノンの「地に呪われたる者」（邦訳みすず書房）からの引用だ。訳者の仏文学者、鈴木道彦氏が、巻末の解説で、「橋の哲学」に部分の重要性を紹介。横浜新貨物線反対運動の中心メンバーで、「いま、『公共性』を撃つ」の著者宮崎省吾氏が論文で引用したことがきっかけで、当時流行したようだ（第7章参照）。これを美濃部知事が都議会演説で採用したが、取り扱いを巡り混乱が生じた。これで美濃部都政がいまだに保守系政治家から揶揄されるようになった。

知事のスピーチライターでもあった太田久行氏への取材によると、当初案では「すべての人が賛成しないならやらないほうがよい」となっていた。庁議で当時都庁のエースだった橋本博夫氏から「いくら何でもすべての人はない」とアドバイスされ、直前に「多くのひとが反対するなら」にさしかえられた。ところが都議らに事前配布された演説案の訂正が間に合わず、これを後に自民党などが咎めて「一人でも反対なら公共事業をやらないのか」と繰り返し美濃部攻撃をした。相当頭に来ていたと思われる美濃部氏は、「明白に『多くの人々の合意が得られなければ』といい、多数決原理に従うべきことを言ったつもりである。それを『一人でも反対するものがいたら』と読み誤ったというのは、読み誤ったのではなく、故意にねじまげて読んだとしかかんがえられなかった」（『都知事12年』）と反論した。

筆者と真逆の主張するのは、岡田一郎氏の『革新自治体――熱狂と挫折に何を学ぶか』（中公新書）である。

一九七三年生まれという岡田氏は、「美濃部が触れた、多数決原理（あるいは全員一致主義）は、本来はそれほど重要な要素ではなかったのである。そこに住む多くの人間の合意が云々という文句は、完全な蛇足であった」と断じる。「結果的に、『橋の哲学』は軽率な発言であった」とも（同書一二三頁）。

また「橋は比較的反対する者が現れにくい建造物だが、ゴミ処理場など誰もが必要性はわかっているが、身近に存在すると嫌がられることも多い施設の場合、美濃部が言うように「そこに住む多くの人々の合意が得られなければ」建設しないと言って問題が解決できるのかという疑問もわく」とまで書いている。

当時の美濃部知事の発言を報道や史料で調べれば、⑴ごみ処理場には住民投票などの手法は適用できず、場合によっては反対があっても建設すると明言している、⑵ごみ処理という迷惑施設であっても当然ながら地元民の「合意」形成を取る付ける努力を行政が怠って良いはずはない、⑶ゴミ戦争では、都と杉並区との「都区懇談会」で、デルファイ方式という客観的評価手法の導入を試みた――ことなどが分かるはずである。

36調査会の議論は果たして「蛇足」、「軽率」と切り捨てられるものなのだろうか。「保守言説」によって定着した「アンチ美濃部」的尺度でしか物事を見ていないように思われる。

36道路での主婦達の運動をみれば、それは明治以来の「官治システム」「都市計画の役人の独占」への生活者による異議申し立てだったことが理解できる。もちろん市民参加による都市計画は、日本で初めての試みであり、矛盾に満ち、混乱、試行錯誤があるのは当然であるが、それも美濃部や小森グループの想定内だった。

注6　筆者は、平尾ら普通の専業主婦が、美濃部・小森グループの思惑（社会民主主義政権の実現）をも超えて、公共性の担い手としての「政治的市民」として成長していったことに驚きを感じている。

政治学では、省庁間の政治力学（省庁間ポリティクス）に注目するが、「国家の中の国家」である都庁でも同様の部局間の綱引きが行われたと解釈できよう。

注7　都知事の定例会見は毎週金曜日に行われるが、これは美濃部知事が始めた。その後、美濃部批判の急先鋒だった石原知事らも慣例に倣い、定例会見の場で発信している。土曜日の東京版に都知事の発言が掲載されることが多いのはそのせいである。このほか、公害対策や障害者福祉など美濃部都政が始めた施策の中には現代的意義を失っていないものが多々ある。

第6章　道路作りの金字塔

「女たちの道路戦争」は、ここで舞台を大きく回転させて後半の幕を迎えることとなる。彼女たちの苦悩は戦線が二つになってしまったことだった。軍事上、二正面作戦は兵力が分散し、消耗が激しくなり、避けるべきだ。しかし、彼女たちにはいかんともしがたい運命が待ち受けていた。その二正面戦線とは次の通りである。

① 営団や西武電鉄、鉄建公団や大手ゼネコンなどとの「**地下鉄戦線**」
② 都との「**道路戦線**」

普通の専業主婦が、男社会の論理が貫徹した巨大組織と二つの戦線で対峙することになる。

第1節　「空飛ぶ地下鉄」

◇棚上げ、地下鉄先行論

36道路は凍結されても水面下では別の動きが進んでいた。

36道路問題（年表2、地下鉄戦線）

1975年（昭和50年）	8月	営団が都に分離・先行申し入れ
	9月	反対派が営団申し入れ
1976年（昭和51年）	8月	平尾ら地下鉄対策連盟結成（会員制）
	9月	連盟が具体的要求（1次）
	10月	連盟と営団交渉、測量拒否
1977年（昭和52年）	3月	連盟と営団、「おぼえ書き」（中間合意）調印
	4月	営団が測量開始・用地交渉開始
1978年（昭和53年）	3月	連盟が具体的要求（2次）
	6月	おぼえ書き」調印
	7月	「協定書」調印、協議会、アドバイザー認めさせる
1979年（昭和54年）	3月	営団が工事着工
1981年（昭和56年）	5月	工事中断、埋め戻しで約束違反、土砂入れ替え事件
1982年（昭和57年）	6月	連盟が電気・建築工事中断。「駅名」変更で要求
1983年（昭和58年）	6月	地下鉄開通
1983年（昭和59年）	9月	協議会を継続で念書

大都市圏の交通問題の切り札は鉄道や地下鉄などの大量輸送システムであり、地下鉄8号線（有楽町線）、13号線計画（副都心線）、そして西武線の乗り入れは、多くの住民や都民が待ち望んでいたものだった。

そこで浮上したのが、地下鉄建設と道路建設を切り離して地下鉄を先行させる構想である。もともと別だった計画を同時施工方式にしていたのだから不思議ではない。

当時の練馬区は北部の交通事情が特に悪かった。堤によると、練馬区役所に行くにも、東上線で一旦池袋に出て、それから西部池袋線で練馬に着くまでに一時間近くかかったという。練馬区民らの地下鉄待望論は非常に強いものがあったようだ。協議会の当初の運動も、地下鉄についてはシールド方式で開通させる立場だったことを思い出してほしい。

一九七一年（昭和四十六年）以降、36調査会が行った各地での住民対話集会で「地下鉄工事早期着工により交通不便を解消せよ」との切実な声が多く出ていたこと、昭和四十五年の協議会の都議会請願でも「シールド工法」の地下鉄建設を認めていることで、平尾らは「地下鉄に反対すれば、地域住民からの（反対派への）支持が得られなくなる。逆に地下鉄ができれば『これ以上道路は要らない』という世論がでてくるのではないか」という判断をするようになった。

さらに計画線引き内住民の「生殺しの苦しみ」があった。堤によると、平尾は自宅が目と鼻の先の線引き内住民と怒鳴りあう緊張関係にあったという。平尾は、地下鉄の用地補償で地権者は幾分か救われること、分裂した人たちともう一度一緒にやれるのではないかなどを考えたという。

平尾らは、一九七四年（昭和四十九年）五月、都の局長二～三人に先行論を内々に打診、知事に対し、「地下鉄先行」の意見書を出していた。

これは反対住民側にとっては非常にリスクのある意見書だった。もし営団が、シールド工法ではなく、天空状態で工事をする「開放（オープンカット）工法」を主張すれば、計画用地（道路と同じ敷地）を買収する。住民は一時的に立ち退き、埋め戻した状態で元に戻るか、完全に退去するかを迫られる。完全に退去すると、後には更地ができるが、それは道路屋の役人には、まぎれもない格好の道路用地にみえるはずだ。

平尾は「行政にも同じ案があったのか、『あのすごい反対運動の人たちも地下鉄だけならいいらしいわよ』ということで乗って来たのかはそれは分かりませんが、とにかく営団は都に先行論を持ち掛け、一九七五年（昭和五十年）八月になって私たちと都に営団から地下鉄先行の申し入れがあった」と回想する。

36調査会の最終答申の半年後、一九七五（昭和五十年）八月十六日、営団は荒木茂久二総裁名で美濃部都知事に対し、「同時施工の方針については望ましいとぞんじておりますが、多数の沿線住民が地下鉄８号線の早期全線開通を強く希望しており、同時施行との調整に苦慮いたしております。さらに８号線、13号線と連絡運輸する予定の西武鉄道ならびに東武鉄道の輸送力も現状のままでは早晩限界に達する」として、36道路と分離、地下鉄早期着工に配慮して欲しいと申し入れた。

美濃部知事は十二月二十七日、「同時施工を原則としているが、諸般の情勢からご要望の通り貴営団が地下鉄事業を先行されるのはやむを得ないものと考える」と回答。ここに地下鉄先行が決まった。

ただし、回答書には重要な「記」がある。それは営団が買い取った土地についてだ。「営団が買取りを行った場合、相当規模の更地面積にまとまったものから、東京都において買取るものとする」とある。これは後述の36道路建設の凍結解除のための布石だったとも思われる。都は36道路をあきらめたわけではない。

◇戦う組織へ

営団は一九七六年（昭和五十一年）七月に第一回地元説明会を開催し、36道路と切り離して地下鉄工事を進めたい意向を明らかにした。これを受け平尾や堤ら反対派は、これまでの協議会の代表、事務局を核としたいわば星雲状の誰でも参加できる緩やかな組織から、地域住民を組織化し、生活権、環境権、財産権、営業権を守るため、会員制による統制された「戦うための組織」の結成を呼び掛けた。

運営は幹事制。幹事会、常任幹事会（女性一五〜二〇人、男性八人）、総会、相談役、会計幹事という女性中心の組織。その名も「地下鉄8号、13号線対策連盟」が八月十九日結成された。平尾は代表の連盟事務局長に就任、名実ともに組織の「顔」となった。

九月時点で、会員数二二五人（正会員一〇九人、賛助会員一一六人）を組織、計画線引き内、沿道の大部分の住民が参加。短時間に線引き内、沿道住民の二四〇世帯を組織化した。ついに連盟による「地域覇権」が確立した。

平尾と堤の総括文書では「特に地下鉄8、13号線総合駅建設のためオープンカット工法となる小竹町は、協議会分離のきっかけを作った地域であり、それだけに亀裂も深かったが、私たちの心配をよそに関係住民の約九割五分までが連盟会員になった」と記している。

「主体が専業主婦」（堤）というまれにみる住民・市民運動組織が確立された。都幹部から「交渉するためには住民の過半数を組織することだ」という示唆もあったとされるが、その幹部もまさかこれだけの短期間に住民の九〇％以上が組織されるとは考えてもいなかったのではないか。

総括文書は「過去に36道路運動をめぐってさまざまな対立や反発があったにせよ、反対派世話人に対する人間的信頼と、自らの環境は自からの手で守るという住民自治の精神が、地域住民の心に根付きつつあったことのあかしだ」としている。弱いものが団結し、「排除の論理」を取らなかったという寛容さが支持されたとみる。

オープン工法で行われた工事の様子。住宅を立ち退かせ地上で工事を進めている（東京都資料集より）

連盟代表数名が九月十六日、営団の用地説明会を前に、営団に出向き、総裁あてに①要望趣意書、②基本的要求項目（第一次）を提出した。

要求項目大要は次の通り。

(1)　直接関係者：立退者については、現状と同等の生活復元が可能な補償をもって最小限とすること、一時立退き希望する者については、移転先、移転に伴う一切の費用を補償し、また精神的、肉体的苦痛を可能な限り軽減する措置を講じること――など

(2)　隣接者：土地家屋売却と一時立退き希望者については(1)と同様の扱いをすること、工事の施工方法については、施工業者を決定する前に、十分な説明を行い、連盟の同意を得たうえで入札をおこなうこと――など

(3)　上記両者及び近隣共通問題：本工事によって、営業権に支障をきたし、またその恐れがあるものについては、誠意をもって補

償すること、工事中の保安及び一切のトラブル（事故、風紀問題、資材置き場管理その他）については、営団が常時、直接責任をもって処理できる体制をとること、施工後、生じた跡地利用については、教育、生活環境の改善に役立つよう、関係区、関係者と協議すること、井戸使用の場合は、工事着工前に水道を敷設し、蛇口の位置は当該会員の希望に沿って設置すること

(4)　分岐点から環七までの区間については、住民に二重の苦痛を与えないよう、工事計画、補償問題について一層の配慮をすること――。

平尾らは営団に対し、これらの要求について「連盟・営団双方の合意が得られるまでは、測量実施を認めない」旨通告した（「測量拒否作戦」山田資料）。

この後、営団の住民説明会が九月十七日から計六回開催された。営団は「測量をさせてほしい」の一点張りだったが、平尾らは「具体的な話が分からない」という説明会出席者の声を受け、別の地下鉄工事の経験者住民らを招いて学習会を開催。説明会では「測量拒否の意思を表明」するよう会員らに促した。連盟会員には「個人交渉および測量拒否」の趣旨を印刷した会員証（魔よけの札）を作製し配布。会員宅に掲示した。

◇おんなだからこそ

平尾ら幹事五人は十月二十二日に、営団を訪問、安藤理事（建設本部副長）らと面談に臨んだ。安藤理事は「あなたがただけが住民ではない。連盟に入っていない人もいるし、町会の了解も得なければならない。連盟との対応もこれから考えます」と上から目線で対応。恐らく腹の底で

は「こんなオバサンが交渉相手になるはずがない」という思い込みがあったのではないか。

二時間の緊迫した攻防で、〝闘将〟平尾英子から「殺し文句」が飛び出した。「**町会との話し合いだけで地下鉄が引けるならやってごらんなさい。私たち抜きでやると、地下鉄が空を飛ぶことになりますよ。それならそれで結構です。あなた方は頭が二十年古い**」。

しばらくのやり取りのあと、安藤理事は「中村（建設第三課長）、鈴木（用地事務所長）の二人に白紙委任状で、折衝をまかせます」と陥落した。専業主婦主体の連盟が、営団や私鉄会社、建設会社、ゼネコンとの「交渉権」を獲得した瞬間だった。

「〝おんなだてらに〟ではなく、地域に根を張った〝おんなだからこそ〟たどり着いた道筋だった」（対策連盟会報一一号）

連盟は「地下鉄戦線」で、一九七八年（昭和五十三年）七月に協定書に調印するまでに、営団交渉と内部の会合を一七〇回以上繰り広げた。平尾らの自宅で開いた会合では「時には卓を激しくたたき、時には深夜まで、時にはものわかれ」となる膨大なエネルギーを費やすことになる。もちろん後の「道路戦線」でも都はこの事実を無視し得なくなっていく。

◇工法はオープンカットに

営団は環七から外側（小茂根、羽沢、桜台）の部分を日本初の直径一〇メートルの泥水式シールド工法を採用したが、小竹地区ではオープンカット工法を主張した。営団は「８号線と13号線の分岐点となるため、利用者の便宜を考えて、地下で両線の上下方向を分離し、それぞれを組み合

地区別の地下鉄横断面

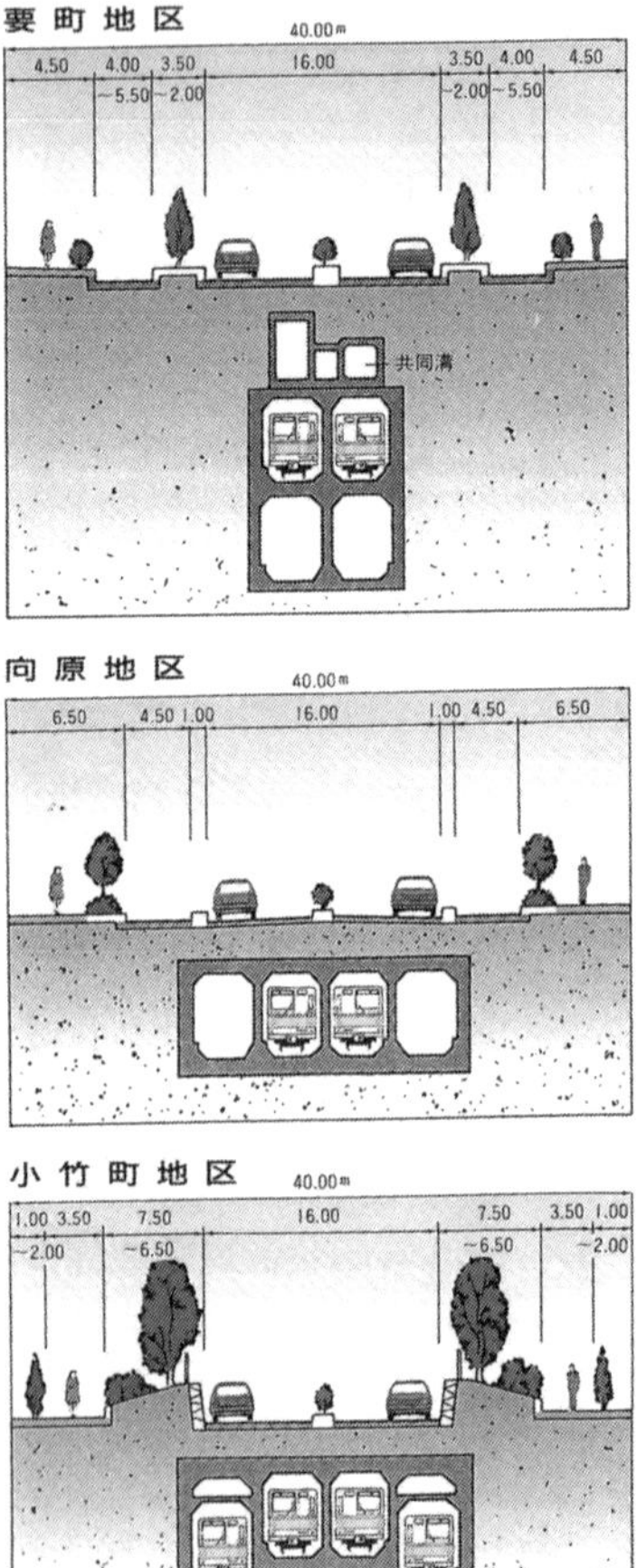

出典：東京都パンフレット

わせて同一ホーム（島）での乗り換えを可能にする（つまり上下に二車線ではなく、並行して四車線）」にするため、大規模な工事になりシールド工法ではとうてい施工できない、「オープンカット工法でやらせてほしい」と懇願（図参照）。

連盟はまずこの問題に取り組み、厳しい討議の末、小竹町部分のオープンカット工法を認める決断を下した。地下鉄の早期建設を望む声が小竹町だけでなく、氷川台や早宮、板橋区の小茂根、向原の人々の間に満ちており、「シールド工法に固執して事業を遅らせる態度を取ることが出来なかった」というリアルな判断があった。しかしこれが後述するように道路戦線の再燃時に、36道路反対派にとって深手になってしまう。

◇営団が回答

一九七七年（昭和五十二年）三月十八日の「覚書」は、具体的一次要求について以下のように記している。要求は連盟、回答は営団である。一部を見ておこう。

直接関係者について

要求：土地地価は、時価以上とし、私有地と残地についても、一般補償対象地と同じ条件で保障すること

回答：土地地価については、時価以上ということは困難ですが、ご趣旨は十分理解できますので、なるべくご希望に沿うように最大限の努力をします。（中略）残地については、営団事業用地にかかる土地と同一所有者及び同一使用目的の土地については、事業用地にかかる土地と同等の評価をいたします（注：残地は事業用地外となる半端な形状の土地で公共事業で問題となることが多い）

覚書はその他、（後に大問題となる）埋め戻しの砂の指定、補償金の支払い方法など細部も詰め、隣接者、近隣者、井戸水、樹木などきめ細かく要求し、営団も丁寧に回答した。

連盟の要求に対して、営団が概ね鷹揚《おうよう》なところを見せた。

◇用地買収にまで関与

連盟と用地買収のかかわりを知る手掛かりとして、平尾が手記『さぶろく四季の道』⑨で明ら

たのである。

かした実例をみてみよう。平尾は、個人交渉にも相当深く関与し、住民の生活再建に苦心してい

Ｍさんのケースが紹介されている（注：都と営団が混在する）。

Ｍさんの土地を都が取得、Ｍさんは借り住まいに。何カ月かの後、営団が別途用地買収のために取得していた代替地をＭさんが取得、ようやく家を再建できることになった。口で言うのは簡単だが、少なくとも数カ月Ｍさんは自分の土地はなくなるし、ことすべてが口約束。お互いの信頼関係だけで成り立っている。

「平尾さんが今日にでも引っ越せというなら、家を見つけるから」とＭさんは言った。私は都の両Ｓ課長と、営団のＭ次長を信じて行動を起こしたけれど、その責任の重さに心は震えた。何としてもＭさんの信頼にこたえねば。Ｓ課長達もＭ次長もかなりムリして精一杯のことをやってくれたのだと思う。

Ｍさんが立退き、続けて幹事のＭｉさんも建て直しを始めたことで、人々はようやく信頼と決断を下したのだった。庶民にとって家は財産だ。理屈は分かっていても、ハンコを押すって本当に勇気がいることなのだ」

このように地縁血縁関係もない住民組織が、個人財産にまで踏み込んで関与した例は寡聞にして知らない。用地買収の進行で、平尾らと袂を分かった改良派の人々も一部戻ってきたようである。また個人にとって大きな財産の話でもあり、様子見だった亭主族も連盟の会議などに出るようになった。

◇アドバーザー認めさせる

連盟は、一九七八年（昭和五十三年）の具体的要求二次、その追加要求も「覚書」で合意・調印した。クリーニング屋への補償問題（機械の移設など）から始まって、防護塀、くい打ち機械、工事中の散水、跡地の雑草処理についてまで求める内容だ。

建設会社決定後について、営団と連盟で取り交した協定書に基づき、具体的な話し合いを行い、確認書を取り交すことをもとめ、営団はご趣旨の通りにしますと全面的に受け入れた（のちにすべての建設会社、西武鉄道、そして都も同様の契約を求められる）。

「覚書」で特異なのは、「素人集団」の助っ人である、専門家（アドバイザー）を話し合いに入れること、その費用も営団持ちとすることを認めさせたことだった。

要求：確認書作成の話し合いは、営団、建設会社、連盟、連盟の依頼する専門家の四者とすること

回答：確認書作成の話し合いは、連盟（**事前にご相談いただいた連盟の依頼した建築専門家を含む**）、営団、建設会社の三者で行いたい

確認書を取り交したのちの話し合いは、営団、建設会社、連盟の三者による地下鉄建設対策協議会によるものとし、**協議会には、連盟の依頼する専門家を参与させることが決まった。**

この専門家とは、建築家の黒崎羊二氏のことだ。細身のダンディーな紳士で、練馬区にあった米軍の家族宿舎「グランドハイツ」の跡地での区画整理事業に関係していたところ、平尾らが黒

崎氏の評判を聞きつけ、懇願して地下鉄問題に引っ張り込んだのだ。

営団は、協議会へのアドバイザーの立ち合いを認めたものの、最初は女性たちが推薦した黒崎氏について「(黒幕の) **ヤクザが出てくるのでは**」と疑っていたともされる。

しかし黒崎氏は協議会で、女性らの「過激・過剰な」要求に対しては「それは言い過ぎ」とたしなめることもあり、営団からも徐々に公平な人物だと信頼を得ていった。彼女たちは自分たちの主張が独りよがりではなく、アドバイザーらの意見を入れることで「客観的に公平」な主張となるよう心掛けた。

このアドバイザーを入れた協議会が「公共性」を住民と行政が協働して練り上げる「本当の街づくりの場」になっていくのだが、先を急ごう。

連盟は、覚書一次の調印時点で、ようやく営団の測量拒否を解除する。一九七八年（昭和五十三年）一〇月からは個人交渉が開始される。

協定書は、工事に関わる問題の「最終責任は営団」と一九七八年（昭和五十三年）七月に調印。その後建設会社などとの、確認書をへて、地下鉄は一九七九年三月ついに着工する（協定書の第二ラウンドとなる、鉄建建設・銭高組・大成建設、第三ラウンドの西武鉄道との交渉についても同様のプロセスであり割愛する）。

協定書調印式で、安藤理事は「ここまで順調に進んでいるのは皆様方のおかげ」「ここまで来られたのは中村、鈴木両氏の努力、営団にはこんな優秀な人が沢山いるのですから。私にはとても（連盟との長時間・多数回の交渉は）辛抱できませんが……」と笑顔であいさつ。連盟からは「一〇〇%満足とは言いがたいが、今までの事例に比べて何とか前進があったようにみえる。これからは、協定書の内容をどう実現させていくかが課題」と表明した。まったく対等目線である。

これらの活動を通じて「道路計画で『蛇の生殺し』に悩まされていた線引き内住民はおおむね満足のいく生活再建補償を勝ち取り、また沿道家屋被害対策、工事実施などの細かい対応をさせ、さらに工事終了後、地下鉄開通後に万一問題が起こった時に、それを解決する協議体制を約束させたことなど、公共工事の民主的な在り方を確立させていくための大きな意義を持つ成果を収めた」（平尾・堤）のだった。

そして一息つく間もなく、36道路を巡る「道路戦線」の戦端が、地下鉄と同時進行で開かれることになる。ただ、地下鉄戦線で鍛えられた主婦達は、手強い交渉相手に成長し、都と対峙することになる。

午前様主婦

協議会で交渉する主婦らの実態を物語るエピソードがある。ある幹事の手記「シーンと寝静まった町を急ぎ足で家路へ。『おやすみなさい』の挨拶も近所をはばかり自然に囁き声になる。真っ暗になった家にそっと入り、冷え切った身体を温めるために、ぬるくなった風呂に火をつけた後、明日のために米をとぎ、風呂につかる。会議で興奮した頭を冷やすために、ゆっくりつかる。会議の興奮もさることながら、お茶の飲みすぎで更に頭がさえ寝付けない。大型トラックの音がやけに気になる。また明日は早く起きなくちゃ。早く夢路につけるよう祈りながら目をつぶる」

地下鉄での営団・業者との交渉は二四九回、西武との交渉は八三回に及んだ。午前十時から始まり、文書の整理が終わったのが午後十一時過ぎだったこともあった。とても普通の専業主婦がやったとは思えないが、女たちの道路戦争の現実だった。彼女たちは、地域のため、家庭でも私生活でも大きな犠牲を払ったのだった。

第2節　激闘の道路戦線

◇美濃部退陣

平尾らにとっては目の回るような四年の地下鉄交渉だったが、これを横で見つめていたのが東京都建設局だった。「オープンカット工法」で一直線の更地ができる。道路屋にとっては「垂涎《すいぜん》の的」である。

連盟からすると、立退きではなく、数年間一時的に引っ越して、オープンカットで空いた穴が埋め戻されれば、元の土地に戻ってくる、「いってこい」という約束だった。都としては、一時引っ越し組が更地に家を再建すると道路建設反対運動が振り出しに戻る。

都建設局は、反対派住民（地下鉄対策連盟とメンバーがダブっている）を一九七九年（昭和五十四年）暮れ以来数回訪問、①地下鉄の一時立退き者の再築時期が迫っている、②小竹小学校地下の杭抜き問題（道路建設で二度打ち込むリスク）――などを説明し、環七までに限って36道路を建設させてほしいと申し入れた。

もうひとつ平尾らにとって「不利」な条件が出現していた。それは美濃部知事が財政悪化で自

36道路問題（年表3、道路戦線）

1979年（昭和54年）	暮れ	反対派を訪問、36道路建設を申し入れ
1980年（昭和55年）	4月	美濃部知事引退。鈴木新知事に
	10月	道路建設条件闘争に切り替え
1981年（昭和56年）	5月	都が回答
	7月	協定書締結・事業認可
1983年（昭和58年）	6月	地下鉄有楽町線成増～池袋開通
1988年（昭和62年）	3月	協定書締結
	4月	36道路運用開始

治省と繰り広げた財政戦争のはてに二月議会で「惨憺たる幕引き」として四選出馬しないと明言。四月八日の都知事選挙で、自治省ＯＢの鈴木俊一氏へと首長がバトンタッチしたことだった。

全国的にも、大阪で社共の推す黒田了一氏が落選、自治省ＯＢの岸昌氏が当選した。首都と商都で革新自治体が崩壊、ともに自治省ＯＢが当選したことで福祉政策、環境対策などの後退が懸念され、「市民参加」は徐々に先細りになると予想されていた。

そうこうするうちに建設局道路建設部の木村吉巳主幹（のち建設部長）、竹内増吉副主幹らが平尾らを訪問。「あなた方がウンといわなければ、道路は作りません。あなた方と交渉したいと思ってきました」と懇請した。

平尾らは地下鉄交渉で営団・建設会社・ゼネコンを相手に、一歩も引けを取らなかったことで自信をつけており、取り巻く状況をリアルに冷静に分析した。

世話人会の討議は、

(1)　小竹二丁目の地下鉄工事区間は現在すべての家が撤去され、大規模な開削工事が進捗中である。都がこれだけ見事に空いた道路予定地を見逃すはずはない

(2)　地下鉄埋め戻し後の道路予定地をとりあえず公園状に整備するべく区に働きかけたが、地主は予想に反してほとんど土地を手放さず、地上権設定のみで、営団が完全買収した用地は意外に少なかった。このまま放置すれば、駅近くで道路計画線引き内だから減価償却可能な安普請のアパート、スナックなどが軒を連ね、悪徳不動産による建売住宅も出現しかねない。しかも小竹小学校がそばにある

③　沿道周辺の地主たちはこぞって所有林を切り倒し、マンション、アパート建設を計画している。従来の緑豊かな住環境が無残に破壊されつつある

(4)　今道路を作らせなかったとしても、将来客観的に、また主体的に現在より悪条件の下で道路問題が再燃し、関係住民が多大な迷惑をこうむる危険性がある

など多岐に渡った。

平尾個人としては、「埋め戻しが終了し、一時立退き者が戻って数カ月持ちこたえれば、道路を作らせないことも可能」という読みもあったようだが、「街が荒れ、住・教育環境に好ましくない」という思いが勝った。

◇「条件闘争」路線へ

連盟は、政治環境の変化、街づくりの将来を見越したリアルな判断から、「絶対反対」路線から「条件闘争」路線へと大きくかじを切ることを決断したのだった。

軍国乙女の体験から平尾は「反対即玉砕ではだめ」、「取れるものは何でもいただく」と頭を柔

軟に切り替えたという。

ほぼ一年後、都のアプローチを受けて反対派住民は一九八〇年（昭和五十五年）十月二十六日、都との交渉組織となる「放射36号道路対策連盟」（以下、道路連盟）を結成した。道路連盟は昭和五十六年六月時点で会員・賛助会員で計一六〇人余（線引き内の地下鉄連盟の会員は立ち退きで去ったが、PTAなどの人脈で新しい会員・世話人が充足された）。

小竹会館には四九人が集まり、出来れば反対を続けたいが、前述したような「学校を含めた工事の問題」「道路を造らないで地下鉄駅だけが出来た場合の住環境の変化」などで、路線転換を満場一致で承認。都への要望書（話し合いに入る前提条件）を検討した。

翌二十七日に幹事一一人が都庁を訪問、別所建設局長らに面会し一〇項目の要求書を手渡した。放射36号道路建設に当たっての要求（概略）

(1)　建設区間：要町から環七までとする。将来延伸が日程に上がった場合は、改めて連盟と協議する。

(2)　道路構造：車道は四車線とし、植樹帯、歩道など沿道の環境保全のために最大限のスペースを取ることを原則。騒音、振動防止のための路面舗装・防音壁などについては現在開発されている最良の技術をもって構築する。環七との接合部は立体交差を前提としない。

(3)　自転車置き場：小竹小学校下の地下鉄駅は総合駅であるため利用者が多数に上る。少なくとも一五〇〇台程度を収容できる自転車置き場を設置せよ。

(4)　トンネル開口部周辺の公害対策：トンネル開口部周辺の排気ガスおよび騒音対策について

は可能な限りの対策を取ること。

(5)　用地補償問題：36道路建設により新たに発生する用地買収問題については、当事者が現在の生活状況を再現しうる補償内容であることを原則とし、代替地についても努力する。

平尾はこの際、「36調査会で意見を求められた折、さらに毎回の意見書提出の中でも一貫して述べてきたことは、**住民参加と地域住民による合意づくりです**」と強調。その上で、決断に至った理由を開陳したのち、「**このことは即道路を認めるということではなく、どのような形になるのが地域にとってよりよいかを今一度見直す必要がある**」として、「この度36道路連盟を結成、地域を守るための活動をすることとなりました。つきましては基本的事項の要求に誠意をもって回答してください」と結んだ。

翌二十八日の各紙朝刊は「反対住民　条件闘争へ」(朝日新聞)、「放射36号、具体化へ動き出す」(毎日新聞)などいずれも地方版トップで扱った。

都は半月後の十一月十五日、三木副知事や別所建設局長らが平尾事務局長ら連盟代表一二人に回答書を手渡した。

回答は、ほぼ「満額回答」だった。

平尾はあいさつで、「建設局の方達に感謝したいと思いますが、最近の私どもに対する態度は十年前の天下り押し付けの姿勢ではなく、一貫して私どもと話し合った上で決めたいということです」「公共事業でのモデルケースとなるように、36調査会の提言が生かされ原案しぼりの行われることを望みたいと思います」と述べた。

別所局長からは「今後事業化するにあたりまして、36調査会答申の精神を踏まえ、皆様方と十分な話合いをいたしますので、格段のご理解とご協力をお願い致します」との挨拶があった。

連盟はその後、都と協定、施行計画や覚書で合意し、道路工事は一九八一年（昭和五十六年）七月二日に着工した。

◇男もすなる都市工学学習

住民・市民運動がとかく格好の良い「総論」（絶対反対、抽象的な哲学論議）に終わりがちなのに、平尾らの女性達は「各論」で都市工学についての知見を高め、具体的な細部の交渉をも人任せにしなかった（地下鉄と道路を合わせて記述する）。

彼女たちは会議の前に必ず「ごめんなさい、私たちは素人ですから、きっと同じことを三回は聞くと思います。でも、それはこの前にお話しました、なんて言わないで下さいね」とピシャリ。納得できるまで、徹底的に工事の方法・技術を相手から学ぼうとしたのだった。工事をやる前には仕様や手順などを定めた「施工計画書」を出すことになっているが、彼女たちは根掘り葉掘り聞く。最初の説明だけで実に八十時間を費やしたという。土木、建築、植栽の用語・内容を七十歳を過ぎた高齢者でも理解できるようになった、それから協定書や覚書に調印していった。従来の住民運動ではありえなかった光景ではないだろうか。

都建設局の木村は専門誌『道路』（一九八七年五月号）に記している。

「道路について全くの素人である主婦に専門用語の説明から工法や図面の見方などを説明し、納得のいくまで協議を重ねるなど、われわれ行政側はもとより、住民側にとっても多くの努力と忍耐を必要とするものだった」

「住民参加による事業の実施は、前述のように図面の見方、専門用語の説明に始まり、地域エゴ的な要求に対する説得、現場の見学会、模型実験など、行政側にとっては、きめのこまかい対応が必要であった」

平尾らの飽くなき探究心は、会議で出た疑問点について、地下水の専門家、トンネル上部の換気塔についてはコンサルタント、大気汚染については公害研究所の担当者から直接話を聞く「学習の場」を設けさせた。

「36道路問題をめぐる運動についての中間的なまとめ」（平尾、堤）によると、「従来の工事の成果に自信を持ち、技術者としてのプライドに溢れている営団、施工業者を相手に、（連盟）幹事たちは立退者の生活再現補償、工事被害を最小にするための工法、工事用機械、工具などの選定、それらの取り扱い方法、工事時間、現場管理、作業員教育、騒音・振動・地盤沈下・大気・水質などの測定と管理、家屋調査実施、地下鉄開通後の問題処理方法まで含めて、まずこれらを定期協議する場に獲得するために奮闘し、さらに各項目の実施に当たっては住民サイドからの要求と点検を積み重ねた」

「住民の要求を実現させるためには、施工業者を説得しうる力を住民が持たねばならない。そのために必要な情報、資料の収集、学習などに幹事がはらった努力は計り知れない。問題によっ

地底に入り地下鉄工事現場を視察する女性達。後ろに巨大シールドマシン
（立教大所蔵）

てそのつど委嘱する専門家の助言も住民側の主体性が確立していてこそ生かされることを幹事たちは確認している」

「当初素人の住民が何をいうのかという態度だった施工者側も、連盟が力をつけるにつれ、その要求に真剣に対応するようになり、その結果、新しい機械や工法の採用など幾多の改善を実現し、第一線技術者の意識変革をもたらした」と総括している。

上から目線だった公団や建設会社の担当者も、質問されると「なるほど普通の人の感覚はこうだったのか」ということが多々あった。巨大組織・官庁による「公共性」独占、「国家高権論」に穴をあける実践だった。

◇男たちを震え上がらせた事件

しかし工事施工できちんと合意していたにもかかわらず、現実には問題が噴出した（以下、地下鉄と道路の個別マターなのか、同時なのか峻別できないケースがある)。

一、埋め戻しやりなおし事件

事件はまず地下鉄工事で生じた。

地下鉄工事と並行して、道路交渉が行われていた一九八一年（昭和五十六年）、オープンカットで空いた穴を埋め戻す際に、将来の道路の騒音対策として、地盤を堅固にすることが問題となった。

地盤を堅固にするには、①ブルドーザーによる転圧、②水をかけて固める水じめ、③人力による突き固め——の三つの方法があるとされるが、いずれも砂質土砂が前提となる。連盟は二、三月の営団などとの協議会で、「埋め戻し土砂については、道路も予定されていることなので、十分注意してやってほしい」と申し入れた。しっかり埋め戻していないと、小学校付近で騒音被害が生じると懸念されたからだった。

工事の状況に不信感を持った連盟幹事らが地下鉄坑内に入って調べたところ、土の盛り方のおかしさに気づいた。小竹一工区は全部砂質土で埋め戻していたが、小竹二工区の三〇〇〇立方メートルは粘土質の関東ロームだったことが判明した。

連盟は五月八日、「あの様な土砂では、（ガス管や水道管など）埋蔵物もあり、また杭、梁がある中ではとても十分な転圧（による地盤堅固化）は望めない。ロームでは水じめは不可能、となると不安を取り除くためにはこの関東ロームを全部搬出し、砂質土でやり直してもらうしかない」と営団と大成建設に迫った。

埋め戻しは一旦中止。地下鉄対策と道路対策の両連盟は合同で善後策を探った。交渉の結果、折衷案的な提案もあったが、連盟は全部撤去を譲らず、営団側は要求を呑まざるを得なくなった。三〇〇〇立方メートルの土砂を入れ替えるのは大変な決断だったと思うが、合意を破ったのだからやむを終えない。各論で力を付けていた、主婦パワーが巨大組織をねじ伏せた（注：取材した都OBにこの話を伝えると「三〇〇〇立方メートルの土砂を主婦が入れ替えさせたというのは信じられない」と衝撃を受けたようすだった）。

このほかにもトラックの積載量をめぐる問題など、細かなトラブルが多発、工事ストップ寸前の事態が頻発した。

二、基礎コンクリート、土下座事件

これを見ていた都建設局の男たちは、「このオバサンたち、ただ者ではない」と舌を巻いた。徹底的に技術・工法を学習しており、舐めてかかると工事を中断、計画そのものが吹っ飛んでしまうはめに陥るのだと思い知らされたに違いない。

別件では、木村主幹らは、測量予告のチラシを範囲外に配っていた不備が発覚、平尾らに土下座して詫びたこともあった。

さらに、一九八一年（昭和五十六年）秋に、工事で基礎コンクリートに、連盟に知らせないまま六カ所の水抜き工を施工してしまった事案が発生。都と営団は十二月に連盟に対し、「信頼関係を損なうもの」とおわび文書を提出した。

それから時を置かず、一九八二年（昭和五十七年）二月二十日から行われた、大成建設による小竹小学校の校庭地下での補強のためのコンクリート（厚さ九五センチ、二〇〇平方メートル）の打設が、連盟と全く協議さえしていない工事だったことが発覚した。

小竹小学校の校庭を削らず、36道路を地下化して校庭の下に通すことになっていた。練馬区などが道路上に再生される校庭に体育館を新設することを計画、都などと協議を進めていた。しかし連盟や小学校周辺住民は蚊帳の外だったことから、問題化した。

度重なる不祥事で工事中止などの危機に直面した木村は四月二日付で「小竹小学校校庭下の営団構造物の防護コンクリートの打設について」と題する一一ページに及ぶ、手書き文書を連盟に提出した。

木村は、事件は手続きミスというには「あまりに重大な事柄だ」と指摘。営団や都の現場責任者にコンクリート工事が「左程、重要ではないとの観念があった。連盟との約定に照らして如何にすべきかの思考を欠いていた」と原因を分析した。

木村は「類似の事例が続発した事は極めて深刻であって、連盟の最も懸念する所は、知らぬ間に既成事実が先行してしまう事であり、それは相互の信頼関係を急速に崩壊へ導くものでありす」「このことは事業者側、とりわけ長い将来にわたって、地域と道路という間柄の続く都にとって、取り返しのつかない痛恨事であるとともに、連盟に対して永久に償う事のできない罪禍を残すこととなる」と全面的に謝罪した。

◇「さぶろく会議」の意義

ここで視点を変えて、道路対策連盟と東京都の話し合いの場である「36会議《さぶろく》」の意義を見ておきたい。

「36会議」は、正式名称を「放射36号道路対策会議」という。一九八一年（昭和五十六年）十月十三日に制定された「運用細目」によると、「36道路に関するすべての問題について協議する」会議と位置付けられた。毎月一回、必要なら随時開催する。

特筆すべき点は次の通りである。

(1)　問題解決のための協議は、合意を見出すまで行う。

(2)　双方とも積極的な解決策を提案する。

(3)　連盟の依頼した専門家、および議事に関連して連盟が必要と認めた専門家を36会議に参加させることができる。

(4)　事務局は連盟事務局長平尾宅に置く。

(5)　会議の進行は、連盟がこれに当たる。

(5)は主宰者が連盟ということになる点で非常に重要だ。通常は、役人や大組織が会議や審議会を「仕切る」というのが「常識」だからだ。

「36会議」の意義を指摘したのは研究者の山田千絵氏だ。山田氏は「36会議」が、「住民パワーを正面から受け止めた都職員」と「住民組織の力」の交渉に、「判定役（アドバイザー）」が双方の交渉の「架け橋」となる三者構造で構成され、コミュニケーションが機能したと分析している（本章末の「山田資料」を参照）。

山田氏によると、木村は、会議を連盟が主宰すると認めたことで、都庁内で批判にさらされたが、押し切ったという。連盟の力量と、彼女たちを納得させるのは事実と粘り強い説得しかないと見切っていたのだろうか。

ここでは地下鉄協議会時代から「36会議」などほぼすべての公式会合で関わった専門家（アドバイザー）の黒崎羊二氏の回想を紹介したい。

平尾らは大気汚染対策について、道路のトンネル部分の排気塔を八つ設置する案に固執したが、黒崎氏から「技術的にそんなには要らない」とたしなめられ、連盟は最終的に一つにすることで納得したという。「36会議（協議）」は、必ずしも連盟か営団・都が互いの主張を押し通す場ではなく、「合意形成」の場だったのだ。

黒崎氏は、「徐々に36会議が『公共事業による被害をなくす』という消極的立場から、『公共事業を契機として住民の日常生活の安定を守り発展させ、より良い住環境・地域社会を作る』積極的な目標を目指す主体性、自覚が表面化してきた」としている。

「住民側の意識の変化に合わせて、（営団・都の）事業者側にもそれに対応する傾向が現れてきます。少し飾った言い方になりますが、公共事業の施行者、施工者として『公益につくす』姿勢がみられるようになった」と。

ここでは「対立の関係が**『公益を発展させる私と公の共同』**に変化し始めたと見ることができます（もちろんこれらのことは、平尾さん達の潜在的認識にとどまり、36会議で公認されるまでには至りませんでした）」。

「都の出現により、**『私・公の共同』**はより明確になります。地下鉄事業時代から都の幹部職員は平尾さん達の資質を認め、交渉の中でそれ（共同）を発展させてきた」。

平尾たちは、合意まで測量を認めない、工事計画書の違反には工事の中止、「アメと鞭」を使い分け、男社会の論理が貫徹する巨大組織に言うことをきかせたのだった。

そして平尾らは36会議の場に都や営団も巻き込んで「それぞれの主張する『公共性』で対立しながらも、合意形成しながら一緒に高次元の『公共性』を紡ぐ」プロセスを大事にしていったのだと考える（第７章で再び検討する）。

第３節　二十一世紀の道路

◇「教師」みのべさん逝く

美濃部亮吉氏は知事退任後、参院議員となっていたが、一九八三年（昭和五十九年）十二月二十四日に突然死去した。平尾や堤らにとって「みのべさん」は、民主主義、自治を実現する方針を示した「最良の教師」でもあり、時には〝ブレる発言〟に振り回されもした政治家でもあった。

連盟が『36連盟ニュース』（二三号、一九八四年四月一日）で特集した「美濃部氏を偲ぶ」に彼女たちの気持ちを見る。

堤は「対話から参加へ、そして住民主体へと、みのべさんのよびかけは、まるで私たちを教育するために特別に作られたカリキュラムのような的確さで、私たちの内面を掘りおこし、種をまき育ててくれた。36問題を媒介として、地方自治のあるべき姿を、そして**主権者であり続けると**

いう重荷をあえて担おうとする人々なしには、民主主義社会は成立しないということを心底からさとらせてくれたみのべさんは、私たちにとって最良の教師だったと、今、改めて思う」

平尾は葬儀の日に、弔電を打った。

「ジュウミントウヒョウハデキナカッタケレド、タイワトサンカノトセイカラシュッパツシタサブロクドウロハイマカクジツニミノリツツアリマス　カンセイノアカツキニハ、イチバンミテイタダキタカツタミノベサン、トツテモザンネンデス」

◇祝う会

一九八四年（昭和六十年）六月十一日、36道路の側道部「さぶろく四季の道」の完成を祝う会が連盟によって催された。連盟だけでなく、36調査会の委員、都の担当者らも参加した。

36調査会の石井興良元座長＝元都建設部長＝は「この36道路が今後の道路の作り方に対する大きな指針になるかもしれないと考える」「役所側も今後の道路はこうあるべきなのだと言うことで住民との度重なる折衝、交渉を重ねて本日の成果をあげたということは、今後の一つの道路作りの指針であることに間違いはないと思いますし、さればといって十五年の歳月に皆さん方特に御婦人方が一生懸命にやらなければこのような道路はできないのだというところに問題があるような気がします」

早稲田大学の堤口康博教授は「この道路は日本の道路作りの金字塔を建てたものだ。同時に日本の地方自治のあり方にも一石を投じたものではないかと思う」

36調査会の委員だった木原啓吉千葉大教授は「地域の人々の真剣な努力に頭が下がりましたし、都庁の担当官たちの真摯な応対にも感銘を受けました。明治以来の、よらしむべし、しらしむべからず、できた都市計画事業になじんできた役人のかたがたには戸惑いもあったと思いますが、この問題に取り組まれることで学ばれたことも大きかったのではないでしょうか。この経験はこれからの東京の都市計画を進めるうえで、役に立つこととおもいます」「二十一世紀を展望してつくられたものだけに、二十一世紀になったときでも、未来の評価に十分耐えられる施設だと確信しています」と延べた。

一九八八年（昭和六十二年）四月十二日、36道路は環状七号線まで開通した。都市計画決定から二十一年後だった。

◇碑文

平尾自身は祝う会で「住民参加のない道路はハートのない道路です。住民参加で住民の声を入れてつくってこそ『私たちの道路』といえるんです」「この道路は私達も行政も何百時間という時間をかけて、ぶつかり合ってつくった結晶なんです。みんな家庭の事情もかかえて汗も涙も流しながらやってきたその積み重ねの成果なんです。だからこうした碑を建てたんです」と結んだ。

その碑文は有楽町線・副都心線の「小竹・向原」駅の地上にある。「女たちの道路戦争」〝終結〟の記念碑でもある。碑文の石板の上には平和の象徴ハトの彫像がある。

36道路の記念碑

碑文　36道路

武蔵野の面影を残したこの地に、地下鉄と共に道路が計画された。

生活の便利さと引替えにもたらされる環境の悪化を憂えた地域の人々は、良好な環境と生活を守るために立ち上がり団体を結成し、悩み、考え、学び、行動し、そして苦渋の選択を行った。

行政と住民団体との十数年におよぶ相克と合意づくりへの情熱により「校庭部分の地下化」「歩道の拡幅」「緑豊かな築堤と遊歩道」「無電柱化」「自転車置場」等を実現し、町づくりの一環としての道路がここに完成した。

都と住民との英知と努力の結晶として生まれたこの道路が、今後の道路建設のひとつの方向を示す道しるべとして、末長く健全に守られることを希い、ひたむきに取り組んだ多くの人々の熱意と行動の証としてこの碑を置く。

東京都

◇エピローグ

平尾は、環七から外に36号を延伸させなかったことについて「孫の代は知らないけれど」と女の意地を見せた。

その後、平尾は激務のストレスからかガンを患い他界する。

しかし今、都は36道路を環七から外へ延伸事業を進めようとしている。女たちの**道路戦争は〝未完〟**なのである。

【美濃部都政の政治的構造、若い世代のために】

36道路問題を取り巻く政治的な場（構造）が大きな影響を与えているため、美濃部都政について概略する。

戦後、東京都のトップは官選（長官）から公選（知事）に切り替わった。東京都知事は二代続けて保守系だった。初代は安井誠一郎、二代目は東龍太郎。日本は戦後復興期から奇跡と呼ばれた高度成長時代に飛躍し、国民総生産（ＧＮＰ）で西ドイツ（当時）を抜き世界第二位の経済大国にのし上がった。アジアで初となる東京オリンピックも一九六四年（昭和三十九年）に開催。首都東京は、モータリゼーションの急速な普及による大気汚染や水質汚濁など深刻な公害に悩まされた。また首都圏への人口集中による過密、「ウサギ小屋」といわれた狭隘な住宅、長時間の通勤ラッシュなど多くの都市問題を抱えていた。

一方、都政では自民党による都議会汚職で、都民の金権腐敗政治への批判は頂点に達し、都議会解散を求める「リコール運動」が高まった。世論に追い込まれた自民党は地方議会解散を可能にする特例措置法を成立させた。これを受け都議会は一九六五年六月、議会を解散。七月の都議選で、革新政党が飛躍。二年後の一九六七年に革新統一候補として擁立された美濃部亮吉氏が三代目都知事に当選する。美濃部氏は当時東京教育大学（現筑波大）教授で、労農派リーダーの大内兵衛氏の一門。戦前、「天皇機関説」事件で弾圧された憲法学者の美濃部達吉の長男という毛並みの良さに加えて、戦前には自身が「人民事件」で弾圧された輝かしい「勲章」があった。テレビ番組に出演、ソフトな語りで「お茶の間の経済学者」として主婦層を中心に知名度抜群だった。

美濃部革新都政は三期十二年に及んだ。一期目（一九六七～七一年）のスローガンは「対話の都政」。金権腐敗の保守政治、「オカミ」による上からの官僚独裁との決別を目指した。二期目（一九七一～七五年）は「対話から参加」で、本格的な都市改造を都民参加で実現しようと試みた。三期目（一九七五～七九年）は、石油ショックなどで都財政が悪化、自治省との財源をめぐる確執もあり、最後は「惨憺たる幕引き」（都議会演説）で任期を終えた。美濃部氏の後は、自治省ＯＢの鈴木俊一氏にバトンタッチされた。

ただ、美濃部政権を巡る評価は、長く続いた保守系都政により今なお厳しいものがある。一九八〇年代に新自由主義が台頭し、革新自治体が衰退する中で、保守派による美濃部都政への否定的な「保守言説」が定着した。ばら撒き、過剰な福祉、無責任な財政運営などである。冷戦終結と、その後の新自由主義の興隆と破綻のドラマを目撃した「ポスト・リーマン・ショック世代」のわれわれには、美濃部都政の功罪を冷静に観る眼が出来ているはずである。従って、36問題を純粋な「道路問題」として、客観的に見ることができる環境が、今こそ整ったと考える。

鈴木氏は戦後、地方自治法を起案した一人とされる能吏で、極めて柔軟な人だった。関係者によると、鈴木氏は当選後、美濃部氏の参謀である小森武氏を訪ね「なぜ十二年もうまくいったのか」について教えを乞うたという。鈴木氏は、美濃部政権の全否定ではなく、継承と断絶という軟着陸（ソフトランディング）路線を選択したと推測できる。美濃部時代の36調査会の最終答申の精神を全否定しなかった。しかし、鈴木氏以降の歴代政権には碑にある「36道路の精神」は引き継がれていない。

【36道路に関する研究動向】

36道路問題は当初、多くの研究者・ジャーナリズムから注目された。住民運動分析の「バイブル」とされる「住民運動の論理」（松原治郎、似田貝香門編著、学陽書房）でも、36道路問題が取り上げられている。しかし、考察期間はいずれも運動の中期までで終わっている。美濃部都政の後半、36道路問題は財政難で凍結され、世間からほとんど忘れられた存在となる。しかし、女性たちの運動はここから一気に大転換していった。一部の研究者を除いて、全過程、特に地下鉄建設、都との道路協議の実態などは社会的に認知されないまま、ほとんど風化してきた。

筆者の狙いは原資料と、堤氏ら当事者へのインタビューを通じて、美濃部都政時代というユニークな政治的構造を踏まえながら、36号道路の運動をリアルな視点（当事者たちの内面理解を含めた）で迫ってみることにある。そこには、現在にも通じる道路作りをめぐる「規範モデル」（判断の基準）があると思うからだ。

原資料としては、東京都の『放射36号道路問題関係資料集』（都生活文化局、昭和五十七年三月。巻末に当時の研究論文・雑誌記事などを網羅）が充実している。都側の見方を知る上では必見の資料集だ。関連では、『「環七対策」関連資料集』（都生活民政局、昭和五十五年十月）も参考になる。

立教大学「共生社会研究センター」に、平尾氏や堤らが残した膨大な原史料が保存・整理されている。筆者は同センターに資料の閲覧などで協力して頂いた。ここに感謝を表明する。同センターには、全国の住民・市民運動の原資料が多数保管・整理されており、研究の「宝庫」といってよい。

【反対派の機関誌など】

「道路ニュース」一〜三号、号外
「おしらせ」五〜一七号（一部欠号あり）
その他、協議会有志名の資料など
「地下鉄８、13号線対策連盟会報」一〜五三号
「36連盟ニュース」一〜二〇号
都政新報「さぶろく四季の道」平尾英子連載一七回
「二一世紀の都市自治への教訓　証言◆みのべ都政　日本を揺るがした自治体改革の先駆者たち」（東京自治問題研究所『月刊東京』編集部＝編）に収録の平尾英子インタビュー
「人間優先の都市政策を」平尾英子（東京の社会教育　昭和四十七年八月三十日）
「大都市の道路と環境」堤園子（ロードクラブ一九八二年冬号）
「放射35・36号道路建設反対運動」堤園子（『都市交通と市民参加』収録、鹿島出版会）
平尾と堤の連名によるもの
「36道路問題をめぐる運動についての中間的なまとめ」（日付記載なし）
「放射36号道路問題をめぐる運動の経緯について」（昭和五十五年十一月十五日）

【小森グループ】
月刊『都政』の各号

【山田資料】

山田千絵（旧姓岩間）氏（公共政策）は36道路問題研究の第一人者である。筆者は山田氏への取材や、山田氏の論文から多くの示唆、資料の提供を受けた。ここに感謝する。山田氏は都建設局ＯＢ（故人）らへの直接インタビューを行い、公共政策のあり方についてユニークな論点の掘り起こしを行っている。山田氏の代表的論文は次の通りである。

(1)「東京都放射35・36道路事業における関係者証言による合意形成プロセスの再構成」筑波大学大学院修士課程環境科学研究科平成十一年度修士学位論文
(2)「東京都放射35・36道路事業における関係者証言によるコミュニケーション過程の再構成」
(3)「公共事業における草の根運動の成功の要因――地下鉄８号線建設を事例として」
(4)「組織における『学習』と草の根運動の確立――『35・36道路事業』における〝全日制主婦〟を中心とした事例から」（日本女性学習財団　平成十七年度「女性の学習の歩み」）

第3部　思想・政策編

第７章　「公共性思想」の転換

（神谷家リビング）

創太　小竹・羽沢地区のオバサンたち、偉かったんだね。子供の育つ環境や小学校の校庭や街が「道路怪獣」に壊されるのを防いでくれた。

母　そうね。二十年近い住民運動で、女性たちが都や営団などの男社会の巨大組織とぶつかりながら、対等の関係を作っていったというのはすごい。もっと誇って良いはずよね。やはり『天の半分は女が支える』（毛沢東のスローガン）だね。

望　でもそんな素晴らしい歴史があるのに、今の東京都のお役人はなぜ住民と対話せずに道路を造って自然環境や下町文化を壊すようなことをするのかしら。

父　一つには、鈴木都知事以降、都民志向の政治が継承されなかったことがある。バブル崩壊で財政的にも厳しかったしね、福祉政策も段々後退していった。

また美濃部時代に人事で保守的体質とみられていた役人を外したから、今度は鈴木都知事にバトンタッチして以降、美濃部さんに近かった人が都庁を辞めたり、残った人たちも主流派から外されたんじゃないかな。有名な話では、「横田学校」を主宰していたとされる横田政次総務局長が美濃部さんの〝左遷人事〟を嫌い自主退職、その後鈴木都知事に代わって副知事として復活したなんていうドラマがあった。役人は人事が命の次に大事な人達だからね、皆かなりぴりぴりしていたそうだよ。内部証言によると、石原慎太郎知事の時代は、都庁内でさえ女性蔑視とも言うべき雰囲気だったそうだ。だから女性達の36道路の教訓も昏寒しで風化していったようだね。また、東京都では「自治体基本条例」が制定されていない。「都民本位の行政」が定められていないのは問題だと指摘する専門家もいるんだ。

望　やっぱりオカミ意識が強いから根っこは変わっていなかったんだ。

父　そうだね、明治維新以来百五十年のオカミ・臣民関係から、本当の意味で主権者と役人を対等な関係にするのは大変だね。肝心なのはオカミと市民が対等にそれぞれの価値を認め、公共性を共に練り上げるということだ。望や創太も自分で考えてほしい。でもそれでは大人として無責任だから、君たちと『公共性の思想』ということについて、歴史と最近の考え方、どうすれば良いのかのヒントなどを一緒に考えてみたいと思う。

第1節　「公共性」戦後史から

一九七〇年前後は、ダム開発などの乱開発や水俣病やイタイイタイ病など公害問題への「抵抗型」「抗議型」の住民・市民運動が活発化した。全国に三〇〇〇を超える住民運動が存在したという。戦後の代表的な二つのケースで、「公共性」について当時の人々（運動家）がどのようにとらえていたのか簡単に振り返ってみた。

◇蜂ノ巣城騒動

一つは一九六〇年代に「蜂之巣城騒動」として注目を集めた熊本県阿蘇の下筌《しもうけ》ダムの反対運動だ。旧建設省（現国交省）が治水対策で必要だと地元住民の意向を聞かずに一方的に決定したことに抗議した住民が反対運動を繰り広げた。

一九五三年（昭和二十八年）六月に、五日間降り続いた豪雨で、筑後川が大氾濫し、二六カ所の堤防が決壊、死者一四七人を出す大惨事となった。下流の佐賀県、福岡県の被災民が国の責任を追及したことから、建設省は筑後川の改修計画の再検討に乗り出し、上流にダムを作って調整する計画を立てた。昭和三十二年に建設候補地のひとつに選ばれたのが下筌だった。

災害対策とはいえ、ダムが建設されれば、集落は湖底に沈むことになる。水没戸数は熊本、大分両県で一町四村、戸数三五二、世帯人員一九〇四人とされた。このほか田畑九一万四〇〇〇平方メートル、山林一七五万平方メートル、牧地三〇万七〇〇〇平方メートル、学校二、社寺一四、郵便局一なども水没する。

熊本県阿蘇郡小国町志屋の山林王で保守政治家（元町会議員、小国町公安委員会委員長）の室原知幸が反対運動のリーダーとなった。

室原らは、「ダム計画が不合理である。先祖から開拓してきた生活の本拠を、**公共の福祉とい**

う隠れ蓑で、その本体をかくしながら強引に奪い去ろうとする暴挙だ」として反対運動を開始、世にいう「蜂ノ巣城」なる砦を構築し、建設省の測量などを阻止し徹底抗戦を行った。仮処分や、警察による実力行使などで全国で注目を集めたとされる。室原は著書の『下筌ダム　蜂之巣城騒動日記』（学風社）で、公共の福祉について、こう述べている。

「政府の計画に反対することが直ちに公共の福祉に反対することであるかのように思うのは、民主主義に反する短見でありますす」

「政治をするものが、政治をされる者、特にその政治の方針によって生活の基盤を失うものに対して、あたたかみのある態度で、我々が了解するまで理を尽くすという努力、この大切な民主主義の本質に、肝心の建設省が自覚していません。言い換えれば、自らの権力者の地位に批判を許さない傲慢さがあること、これが我々が反対運動を続けなければならない根本の原因です」

つまり室原氏は、「公共の福祉＝公共性」に、草の根から根本的な問いを発した。

◇横浜新貨物線反対運動

二番目の事例は一九六〇年代から一九七〇年代にかけての当時の日本国有鉄道（現在のＪＲ各社）による横浜新貨物線建設をめぐる反対運動だ。

高度成長によって激化した東海道線や横須賀線などのラッシュを緩和するために、国鉄が貨物用の新線を鶴見から戸塚に敷くという計画で、計画地域付近の住民から激しい反対運動が沸き起こった。当事者ではなかったが、地元自治体ということで、後に社会党委員長となる飛鳥田一郎が市長だった横浜市を巻き込んでの激しい住民運動が注目を集めた（当時の市幹部証言によると、反対運動について「（当事者の）国鉄に相手にされなかったから革新市政の横浜市を標的にした」だけというシビアな見方もある）。「横浜新貨物線反対同盟連合協議会」のリーダーの一人だった宮崎省吾の著書『いま、「公共性」を撃つ』（新泉社、一九七五年。復刻版は創土社、二〇〇五年）が世に出たことで「公共性」そのものを問うた運動だと注目された。

宮崎氏は、「住民運動の提起している問題の一つは地域エゴイズムである」と指摘した上で、「公共性とか日本経済の発展とかの実体はエゴイズムであり、地域エゴと何ら変わるところはない。地域エゴといえば言葉はよくないが、要するに自分たちの生活を守ろうというにすぎない。それを地域エゴでけしからんというならいえという形で実は**〝公共の福祉のために〟というインチキを告発しているのである**。私権の主張といってもよいが、**権力と企業と自らを対等の立場に置き、私権を圧殺する公共などというものは存在しないことを訴えているのである**」（復刻版二一一頁、「我こそが『オカミ』なり」）。

以上二つのケースの共通項は、上からの「公共性」への異議申し立てだ。「天下り計画」で被害を受ける住民が、**生活者の論理に基づき草の根から異議を申し立てた。**

第2節　「公共性三元論」

突き放してみると、当時の住民運動は、「公共性」を独占するオカミと、「私（小さなオカミ）」とがぶつかり合った、いわゆる「二項対立」的世界だったと解釈する。

千葉大学の小林正弥教授が『神社と政治』（角川新書）で、公共性をめぐる新しい動向をコンパクトに紹介・整理している。

欧米の市民革命では、「近代の主流の考え（自由主義）では、国家という『公』と『私』は対立しているとみなされ『私』を守ることが重視された」と指摘。

その上で、最近の「公共性」の動向について、「ところが近年になってこの図式に問題が生じてきた。福祉国家が財政的に困難になったこともあって、『国家』の力の限界が明らかになってき**たからである。そのため『私』である民間の人々の力によって『公共的』な活動をすることが注目されるようになった。**日本では阪神淡路大地震において民間の人々のボランティアが注目された。それ以来、NGOやNPOの公共的役割が重視されている」

「**『私』である民間人はこのような『公共』の活動の担い手である。**国家という『公』がこれまで果たしてきた役割も一部はその『公共的』活動が果たせるようになってきている。『公共』の活動が先導して国家の法律や活動を実現することもある。だから『公共』は『私』でありながらも『公』とも関係する。そこで**『公／公共・私』という概念による考え方を公私三元論という。『公共』は『民間』という点では『私』でありながら、単なる『私』でもなく、その二つを媒介するのである**」

二項対立を乗り越える魅力的な考え方だ。しかし、「公共三元論」は、単純に受け入れられない面があると思う。なぜなら、日本では戦前から、国家・共同体を優先して、個人に犠牲を強いた歴史（滅私奉公）があった。最近でも、「現代のムラ（共同体）」である企業では「過労死」が後を絶たず社会問題化したため、「働き方改革」なる政治スローガンが掲げられている。

「公共三元論」と言ってもあくまで日本国憲法の個人の尊重（幸福追求が優先）という価値が核として存在し、下から「公共性」の在り方やその質を組み替える発想でなくてはならないと思う。

◇「プライベート公共」

もうひとつ、二項対立を乗り越える考えを見てみたい。早稲田大学の寄本勝美教授（故人）だ。寄本氏は、清掃労働者の現場から地方行政・民主主義を考えたユニークな学者だった。

寄本氏は「公共を担う官民パートナーシップ」（『新しい公共と自治の現場』コモンズ、二〇一一年）で示唆に富んだ見方を示している。

米国滞在経験を基に、「公共には、官が担う公共（パブリック・パブリック）と、民が担う公共（プライベート・パブリック）がある。後者は、公共であっても官の関与をできるだけ排除しようとする点で私的公共性と表現できる。日本ではこうした私的公共性に対する認識度が、官はもちろん、市民や企業の間でも低い。公共ないし公共の問題といえば官に直結しがちで、『もうひとつの公共』、すなわち私的公共性の領域が顧みられることは少なかった」と批判する。

その上で「**公共は官のみならず民によっても担われるべきものであり、公共政策は民の主体的な参加と官の協力によって作られるべきものである**」と結論する。

自分なりに解釈すれば、従来の官が独占する「公共性」とは違った、「第三の公共性」ともいうべき領域が生まれる可能性があるということだろう。

第3節　新しい公共性試論

　では日本では、公共性をめぐる二項対立を乗り越える具体的かつ**内発的な試み**はないのだろうか。第5・6章でみた、放射36道路の「女達の道路戦争」の中にヒントがあると思われる。これを少し理論的に再検討してみたい。

　平尾や堤たちは、当初、環七道路公害の再現を恐れて、**道路計画は絶対反対**という立場（二項対立の世界）だった。

　しかし、地下鉄建設という都民の強い願望を顧みて、彼女たちは地下鉄を容認、さらに地域の現状をリアルに分析し、道路容認へと運動の舵を切った。彼女たちが、「住民」から公共性を考える「政治的市民」へと成長し、同時に、彼女たちと対話した都側も従来の「オカミ」の発想から脱皮していったプロセスを見た。

　具体的には、東京都と道路対策連盟の話し合いの場だった「36会議」が注目される。

　会議でコーディネーター役を務めた建築家の黒崎羊二さんは、この会議の意義をこう分析する（第6章と一部重複する）。

【住民側】「徐々に**36会議が**『公共事業による被害をなくす』という消極的立場から、『公共事業を契機として住民の日常生活の安定を守り発展させ、より良い住環境・地域社会を作る』**積極的**

な目標を目指す主体性、自覚が表面化してきた」

【行政・営団側】「住民側の意識の変化に合わせて、（営団・都の）事業者側にもそれに対応する傾向が現れてきます。少し飾った言い方になりますが、公共事業の施行者、施工者として『公益につくす』姿勢がみられるようになった」。

【全体の構図】「36会議で『私・公の共同』はより明確になります。地下鉄事業時代から都の幹部職員は平尾さん達の資質を認め、交渉の中でそれ（共同）を発展させてきた」

黒崎氏の回想を筆者なりに解釈すると、平尾達は、36会議の場に都や営団も巻き込んで「それぞれが主張する『公共性』で対立しながらも、一緒に『公共性』を紡ぐ」プロセスを丹念に形成していったのだと考える。

第3章の外環紛争で見た日本版ＰＩでは、官が仕掛けて、巻き込む（インボルブメント）が、これと違い36道路では民が主体（下から）となって官も巻き込み「新たな質の公共性」を紡ぎだしたと解釈する。後述するように当時の都建設局幹部も柔軟な姿勢に変わった（成長した）。

つまり「真の（練り上げられた）公共性」とは。官（公）、と民（私）とが対等な存在（公共性の担い手）として互いに認め合った上で、押し合いへし合いしながら知恵を出し合い紡ぎ出すものではないか。

その時初めて二項対立を乗り越え、「オカミ」中心の公共性は反省の無い無邪気な姿から練り上げられ、鍛えられ、互いに尊敬しあうことの可能ないわば『高次の公共性』に成りあがる（止揚する）のではないかと考える。

平尾家での会合の様子（立教大所蔵）

参謀役だった堤は、「**公共性の変化**」についてズバリこう総括している。

「36道路の直接関係住民は、36連盟内部で自分たちの権利主張について注意深く討議しながら、その延長線上に**〝公共の福祉〟像を再発見し、常に自分たちの視点の弱点をお互いに点検しつつ**、36対策会議において、公共事業の在り方を問い直すための具体的作業に見事に取り組んだ。**『公共の福祉』の中には、小さいけれど『私たち』も入っているんですよね**」

この「公共の福祉の中に私たちも入っている」という「民がちゃんと入っている公共性」という視点が、女性中心の住民運動の中から出てきたというのが衝撃的だと筆者は感じる。

◇責任ある「市民」

「住民」は、都市計画に関与する場合、「責任ある市民」となることを求められよう。古代ギリシャでは、市民（男子の制限があった）は開戦の決断もし、兵士としても動員されたので、非常に重い責任を伴った。ルソーの「市民」の定義にもつうじる。

参加を求める市民には、これまでのような二項対立を前提とした「情緒的な反対（総論反対だけ）」は許されなくなる。「公共性を担う」覚悟があり、PIなどで合理的な代替案・ゼロ案を検討した上で、万一自分の主張に不利な結論が出た場合にも受け入れを余儀なくされる場合もあろう。

例えば、これまで、日本では一部のごみ焼却場建設計画では、「NIMBY（not in my back yard）＝我が屋の裏庭にはごめん」という、一種の「地域・住民エゴ」としか映らない運動があった。各地のごみ焼却場の建て替えでは、迷走劇がみられた。

さらに最近では、「BANANA（build absolutely NOTHING anywhere near ANYTHING）＝何も立ててはだめ」と、**公共性を完全拒否**する運動も残念ながら一部で見受けられる。こうしたエゴイスティックな姿勢は許されなくなるだろう。

ちなみに先進自治体である武蔵野市は、ごみ処理場建設を市民参加できちんと実現させている。36道路でも女性たちは、道路建設そのものを苦渋の決断として受け入れた。日本にも既に成熟した市民が決断してきた実践例があるのだ（寄本勝美著「市民参加による用地選定手続きの改革――東京都武蔵野市におけるクリーンセンター建設用地をめぐって」『年報政治学』一九八五年三六巻）。

堤の「**主権者であり続けるという重荷をあえて担おうとする人々なしには、民主主義社会は成立しない**」という言葉が重みをもつ。

◇「公務員市民」

一方、行政も変化・成長する必要がある。

従来の政治学における市民参加論は、主体としての「市民」の形成を重視したが、公務員そのものについては「職員参加」「意識改革」「職員研修」といった啓発レベルにとどまっていた感がある。根本的に発想を変える必要がある。

寄本氏は「公共を担う官民パートナーシップ」の中で、「公共性」をめぐる公務員自体の変化の必要性についても言及している。

「官が『公共』を支配し、官の都合のよいように民を利用する時代は終わった。

これからの官僚に求められるのは、**『官僚もまた民である』**という**視点**である。官僚は公務員であると同時に、市民としての感覚と意識をもたなければならない。企業には『企業市民』たることが期待されるように、**公務員は『公務員市民』であることが望まれる。市民サイドの提案を自分も市民の一人として受けとめながら、それを公務につないでいくことが、彼らには求められよう。**このような市民性に公務員は、私たちと脈の通じ合った。そして頼もしい公務の担い手となるはずである」

黒崎氏の「住民側の意識の変化に合わせて、（営団・都の）事業者側にもそれに対応する傾向が現れてきます。少し飾った言い方になりますが、**公共事業の施行者、施工者として『公益につくす』姿勢がみられるようになった**」という分析は、36会議の実践を踏まえたもので、重みがある。

当事者だった「公務員」、都建設局の木村吉巳建設部長はこう総括する。

「（36道路は）合意を原則として事業を進める、いわゆる住民参加の形で作られた道路である。**この話し合いでだされた多様な住民要求を幾多の議論を重ねて整理し、可能なものは、道路構造に極力反映し、今までにない道路が完成した**」（専門誌『道路』一九八七年五月号）。

木村は、建設局内の一部の反対を押し切り、平尾ら住民との対話を行った。女性達の「都市工学の学習」要求にも膨大な時間を割いて支援し、対話が可能になるよう条件整備した。

木村自身がまさに「市民サイドの提案を自分も市民の一人として受けとめながら、それを公務につないでいく」良質な公務員市民だったのだといえよう。

第４節　国家高権論のトリセツ

市民と公務員の成長する主体的条件は整ったとして、ではどうすれば「市民による意味のある行政の統御」が可能になるのか。行政思想の転換問題が残っている。

明治以来の日本の行政思想では、「国家高権論」に基づき「公共性」はオカミが独占してきた。この「国家高権論」という行政思想をどう現実的な考え方に転換するのかという難題が横たわっていると思う。

現代のような高度情報・産業社会で、公共事業に高い専門性をもった組織や人材の存在が必要なことは大前提だ。「市民」の力量が侮れない水準に達していたとしても、やはり市民だけで考

日本の行政思想の変遷

	Ⅰ 明治憲法・形式的日本国憲法	Ⅱ 実質的日本国憲法
公共性	官の独占	官と市民・企業が分担
政治思想	上からの統制（官治主義）	下からの統制（草の根民主主義・松下圭一モデル）
行政法理論	絶対的国家高権論（絶対・無謬・包括性）	相対的（準国家）高権論（相対・可謬・個別＆包括性）
政策	天下り計画	市民参加（真のPI）

え、決定することは実際にはできない。農業・交易社会だった古代ギリシャとは違うのだ。

問題の「国家高権論」は、行政法の教科書でもほとんど扱われていない。行政の中で受け継がれてきた〝**密教思想**〟ともいうべきものとされる。

弁護士の海渡雄一氏らが京王線高架裁判をめぐる議論で「国家高権」についてまとめている。

「ここで問題なのは公共事業の公共性について、何をもって誰が判断し決定するかである。『誰が』に関しては国家のみが公平に正当に土地所有者に対する制限行為である都市計画をできるとし、**この国家の意思は間違いなどなく、当初目的の達成まで継続されるという『無謬』『不変』という考えがある。都市計画は国家高権（すなわち、国家がそして国家のみがこれを決定する権力を有する）の発動であるという考え方である**」（海渡雄一・筒井哲郎『沿線住民は眠れない』二二頁、緑風出版）。

国家高権という考え方は、「絶対・無謬・包括性」の原則が前提条件であり、下々の市民とオカミ行政が対等に対話する余地はない。

「役人は神使いのごとき存在」（＝天皇の官吏）ということが暗黙の大前提だ。分かりやすく言えば、天皇の官吏とは、天皇によって任官された役人（勅任官《ちょくにんかん》や奏任官《そうにんかん》ら）のことだ。日本国憲法で象徴天皇制になっているとはいうものの、現在でも一部の都道府県の知事執務室や帝国大学の教授棟に赤絨毯が残っているのはそのなごりだ。

◇パラダイムシフト

従来の国家高権論を仮に「**絶対的国家高権**」論と名付けよう。

個人を中核とする日本国憲法の価値観に基づけば、市民と行政の対話を認めなくてはならない。オカミの公共性独占は許されないはずである。「公」「私」すべての価値は「相対的」であるはずだ。公共性三元論も台頭している。

したがって公共性の前提を、

「絶対・無謬・包括性」から

「相対・可謬《かびゅう》・個別&包括性」

へとパラダイムシフトさせる必要があるのではないか。

これを仮に現代的な「**相対的**（準国家）**高権**」論と名付けよう（全頁表）。

この文脈では国家という文字はあまり使いたくないのだが、道路の規格・信号などは全国で統一されたほうがよいし、道路や産業の配置などは中央と地方、地方と地方を「公平」に行うという、国家的・全国民的利益の視点が必要な局面がどうしてもあるためだ。従って、国家も、（準国家）とし、市民を「サポート」する考えを示すためあえて括弧付きとした（欧州連合＝EU＝の

「補完性原理」＝principle of subsidiarity＝を参照。第10章でも言及）。

この考えなら都市計画で役人の専門性を活用しながら、市民と行政が対話できるのではないか。

36道路を祝う会で、木原啓吉氏が「都庁の担当官たちの真摯な応対にも感銘を受けました。**明治以来の、よらしむべし、しらしむべからず、できた都市計画事業になじんできた役人のかたがたには戸惑いもあったと思いますが、この問題に取り組まれることで学ばれたことも大きかったのではないでしょうか。**この経験はこれからの東京の都市計画を進めるうえで、役に立つこととおもいます」と述べたことを想起すべきだ。もはや、昭和、平成を経て令和という新時代である。「新しい酒には、新しい革嚢《かわぶくろ》」が似つかわしい。

（注：五十嵐敬喜「国家高権論にピリオドを」法律時報第六四巻五号、大浜啓吉「法の支配と国家高権論」『現代日本社会の現状分析』啓文堂・収録論文を参照。両方とも優れた論文で国家高権について教えられるところが多かった）

第8章　道路を市民の手に

（神谷家リビング）

望　民も官も力を合わせて公共性を練り上げるということが重要ってことだね。じゃー、道路問題で具体的にどうすればいいの。

父　これですべて解決という魔法の杖はないと思うよ。外環でＰＩを調べたよね。その時は住民サイドからは『ペテン（Ｐ）とインチキ（Ｉ）』とこき下ろされた。でも皆、欧米のＰＩについて具体的に理解している人は、濱本さん達一部を除いてほとんどいなかったことも知った。これではなかなか上手くいかないはずだ。参加した市民には具体的なＰＩのイメージがなかったと思うんだ。

創太　まず本当のＰＩがどんなものなのかを知ることが大事という？

父　その通り。知らないで、専門家の行政マンと対等に話し合えるわけない。36道路の女性達は、何十時間も勉強し、現場を踏む努力をしたんだよ。ＰＩをやるなら、最初に百時間ほどＰＩについて知識を入れる訓練、欧米の現場視察（ビデオでもいい）が必要だったと思う。

そこに問題解決のヒントがあると思う。日本の市民は、時間をかけてきちんとした情報さえ得られれば道路問題で「理性的な判断」ができるはずだと、パパはまだ信じている。裁判員制度だって同じさ、法律専門家のサポートを得ながら判断していくんだ。

望　それじゃ、先進国のＰＩがどんなものなのか教えてよ。

第１節　欧米ＰＩを知る＝ゼロ案検討の義務化

36　道路から現在まで多くの道路問題に共通するのは、「原点＝必要性＝そもそも論＝ゼロ案」という「（計画の）前提を問う人々」が必ず存在し、紛糾することをみてきた。

実は欧米も同じで、これを解決する手法として生み出されたのがＰＩだった。外環で参考にしたというＰＩ先進国、米国では実態はどうなっているのか。

総務省関係の財団法人「自治体国際化協会（ＣＬＡＩＲ＝クレア）」という団体がある。クレアは、世界七カ国に駐在事務所を置き、各国の地方自治・教育などの情報を収集・研究発表している。そのクレアが出しているリポートに、

「米国の市民参加――交通計画における合意形成手法」（二〇〇五年七月十二日、二六五号。http://www.clair.or.jp/j/forum/c_report/pdf/265-0.pdf、筆者はニューヨーク事務所の高橋英樹氏）

というすぐれた報告書がある。

このリポートには米国のＰＩの背景・歴史・制度などに加えて、多くの事例が紹介されている。

ＰＩの実例を日本人の目線で調査しており、非常に参考になる。日本語で分かり易く書かれており、道路問題に関心のある人には必読の文献といってよいだろう。

米国では「市民参加が増えるほど、より良い結果が得られる」という理念があるという。紹介されているオレゴン州フィルモス市の道路問題のケースでは、大人の議論が行き詰った際、地元の高校生を加えて、市民参加が試験的に採用されたことが印象深かった。高校生は未来の市民であり、街の主人公なのだから不思議でも何でもないのだが。これが草の根民主主義の実践だと感じた。

またリポートでは、「原点に立ち戻る（そもそも論＝ゼロ案）」問題で教えられる事が多かった。リポートは「市民参加の義務付け」で、「全国環境政策法（ＮＥＰＡ）」（一九六九年）が、連邦資金を利用する交通計画の市民参加に画期的な影響を与えたと紹介する。注目点はＮＥＰＡでの市民参加と代替案の法的義務付けだ。

ＮＥＰＡの規定というのは、次のようなものである

(1)　妥当と考えられる代替案に対し、厳格な調査と客観的な評価を実施し、詳細検討から除外した代替案に対しては理由を明確にしなければならない。

(2)　評価者が比較する上でのメリットを検討できるように、詳細検討を実施した代替案（提案された行為を含む）に対して十分な配慮をしなければならない。

(3)　たとえ担当機関にとっては所管外のものであっても、合理的な代替案を含めなければならない。

(4)　代替案に「何もしない（Ｎｏ　Ａｃｔｉｏｎ）」という案を含めなければならない。

(5) 他の法律などで禁止されていない限り、担当機関は優先する代替案を明確にしなければならない。
(6) 提案された行為や代替案に対して、妥当な緩和措置を加えなくてはならない。

36道路の経緯と外環PIのプロセスを見た読者にはもう詳しい説明は要らないはずだ。米国のNEPAでは、道路計画を策定する段階で、**代替案を必ず検討すること、そしてその中には何もしないという、住民が求める「ゼロ案」を入れることを義務付けているのだ。**つまり行政と市民が対等の立場に立つという大前提がある。36調査会の最終報告とほぼ同じ方向性ということではなかろうか。

第2節　日本はガイドラインどまり

翻って日本ではPIはどのように紹介されてきたのか。
日本では次の二冊の書籍が役人の「虎の巻」になっているようだ。
『欧米の道づくりとパブリック・インボルブメント』合意形成手法に関する研究会、二〇〇一年、ぎょうせい
『市民参画の道づくり――パブリック・インボルブメント（PI）ハンドブック』屋井鉄雄編、二〇〇四年、ぎょうせい

『欧米の道づくり』では、米国での実例は紹介されているが概説であり、「ゼロ案」「代替案」の位置づけが不十分だと思われる。

『市民参画の道路づくり』では、米国における計画決定プロセスについて（一九〇～一九一頁）では、ＮＥＰＡ法の概要が示されているものの、代替案とゼロ案の紹介がたった一行しか記述されていない。

一方、外環ＰＩがスタートする前に出た国交省の平成十四年八月の「市民参画型道路計画プロセスのガイドライン」では、四概略計画の解説（ホ）で、「道路整備をしない案」が選択された場合の対応が記述され、事実上「計画は休止」する場合がわずかながら想定されている。

これでは「ゼロ案」を正当に位置づけることを避けていると批判されても仕方ないのではないか。行政に極めて都合の良い道路を作ることを前提とした強い「バイアス」がかかった「虎の巻」だ。知識の乏しい市民と対話不可能となるのは当たり前ではないか。

◇日米ＰＩの決定的違い

日米の決定的な違いは、国交省のガイドラインとはあくまで「運用指針」（ガイドライン）であって、法律ではないことだ。

担当行政官の匙《さじ》加減で如何様にも運用できる余地があるのでは、日米欧の差は歴然としている。役人は法律で縛らないといけない。いや縛ったようにみえても「抜け穴」を探すのに長けていることを日本国民は嫌というほど思い知らされているはずだ。

外環ＰＩの「失敗」原因は、技術的にあれがない、これがないというものというよりは、下からの草の根民主主義が日本の社会に育っているのかいないのかという根本問題をわれわれ日本国民に突き付けていると理解したい。

市民が行政の決定過程に「**実質的に影響を与える**」意味のある参加が保証されている、ここにこそ欧米流の「**市民が行政を事実上制御する**」**草の根民主主義の本質**があると思える。

日本の法律で縛られていない外環ＰＩは、役人に都合のいい「**（そもそも論の検討を除外した）去勢されたＰＩ**」だったのではないか。だからこそ「ＰはペテンのＰで、ＩはインチキのＩだった」と評価されてしまったのではないかと改めて考えさせられた。

第３節　日本での対策

そこで道路問題で、ＰＩをガイドライン運用ではなく、国会や都議会を含む地方議会が法律・条例によって立法化することが求められる。

骨格としては次のようなことが考えられるだろう。36調査会の最終答申（「参加憲法」）を踏まえれば、

(1)「公平な対話会議」を構成。行政と公益市民と、双方から信頼される仲介者（自治体ＯＢでも構わない）・学者・マスコミ関係者（公益委員）の「三者構造」でＰＩ過程を公平・公正・透明性のあるものとする。

(2) 市民代表は、道路計画が狭い範囲なら過半数の住民を組織する（交渉権）。
(3) 外環のような数十万人規模で影響のでる広範囲な道路計画では、欧州の「熟議の民主主義的手法」で、市民代表を無作為抽出した上で選定、ＰＩに習熟、参加させる（裁判員制度が参考となる）。
(4) またＮＰＯ・環境保護団体、自治会などの「集団」もオブザーバーとして加え、意見表明の機会を与える。
(5) ＰＩでは複数案を検討する。代替案には、必ず「作らないという選択肢（ゼロ案）」を含める。
(6) 代替案は、定評のある専門コンサルタントの中から、対話会議が指名、作成させる。
(7) 費用は道路計画予算の一％以下を充て、対話会議が管理する。

こうした構造で立法化がなされれば、行政にとっては大きなパラダイムシフトとなるはずである。これまで道路計画は、行政決定のプロセスに住民との対話がほとんどないまま立案されてきた。もうこうした欧米諸国に比べ周回遅れの悪弊から脱却し、「**普通の民主主義国**」並みに脱皮せねばならない。多くの国民はグローバルな状況を把握する時代になっている。

第9章　見直し機運＝行政と司法

第1節　国交省が先手＝多発する訴訟

（神谷家リビング）

母　道路ってこんなに難しいものなんだ。いままで考えたことも無かった。驚きの連続ね。パパの報告を聞いて、行政は住民を無視し、日本国憲法も事実上守られていないなんて、ショックだわ。二十一世紀の先進国ではあり得ない。

父　そう、明治維新から百五十年、日本人は何をやってきたのかな。でもそうした声を受けて、国交省などが道路問題の見直しを進めている兆しがあるんだ。

創太　どういうこと。

父　国交省が二〇一七年七月に「都市計画道路の見直しの手引き」というガイドライン（指針）を打ち出したんだ。それによると、全国で都市計画された幹線道路計画約六万四〇〇〇キロのうち、未着手が約二万一〇〇〇キロと、全体の三二％にのぼっている。都市計画ってもともと、「社会経済情勢の変化に応じて」という条件付きだったよね。都市計画からあまりに長い時間が経過すると当初必要とされた道路も、必要性が変化することがある。

望　それで、都市計画道路を見直しましょう、ということになったわけ？

父　結論を急がずに、一つには国の財政難や、少子高齢化、さらにはＡＩ搭載の自動運転の国際競争の激化などで二十世紀型のクルマ社会の先行きが不透明になっていることがあると思う。**ガイドラインは、これまで都市計画決定した施設の都市計画の変更についてあまりに慎重すぎたきらいもある、と「反省」のような釈明をしているんだ。**ただ、単純に長期未着手というだけで見直しを行うことは望ましくない。都市全体あるいは関連する都市計画道路全体の配置などを検討する中で見直すようにとしている。

望　またお役人お得意の「総合的判断」ていうわけ？

父　望もかなり辛らつになってきたね。

望　新聞記者の遺伝子で。だって現状がひどすぎるからじゃない。なんで国や自治体にお金がない時に、道路にこれ以上お金をつぎ込まないといけないの。

父　まあ、それは正論だけどね。専門家によると、国交省が見直しにかじを切った背景に、①少子高齢化で道路を続ける財源に不安が出てきた、②**既存の道路の維持費だけでも年間五兆円もかかると見込まれる、**③公共事業全般が縮小するなかで道路だけを作り続けられるのか――という考えがあるという（年間維持費は二〜二・五兆円という政府試算もあるようだ）。でもその見直しにほとんど反応しようとしない自治体が存在するんだ。どこか当ててごら

見直し状況の一覧表

都道府県名	廃止		ルート変更		幅員変更	
	路線数	延長（km）	路線数	延長（km）	路線数	延長（km）
北海道	55	48.9	20	8.1	29	32.4
青森県	66	97.6	1	1.2	15	66.9
岩手県	40	38.7	9	9.4	8	15.4
宮城県	61	90.1	7	1.5	3	6.7
秋田県	45	45.2	4	1.6	2	0.8
山形県	27	27.7	0	0.0	4	3.7
福島県	28	21.1	10	12.4	10	15.0
茨城県	45	41.6	17	16.5	3	7.5
栃木県	14	17.1	9	8.0	13	12.2
群馬県	16	21.8	1	0.3	0	0.0
埼玉県	64	77.5	9	5.0	19	19.9
千葉県	28	31.0	4	5.4	7	8.4
東京都	2	1.8	0	0.0	1	2.8
神奈川県	41	45.1	8	5.2	6	3.3
山梨県	10	12.6	0	0.0	0	0.0
長野県	56	73.5	10	6.0	8	7.1
新潟県	29	25.7	2	0.1	2	2.9
富山県	43	43.4	5	2.0	8	13.0
石川県	97	88.9	15	15.7	41	47.4
岐阜県	51	67.4	5	2.1	20	18.0
静岡県	82	99.3	4	4.5	3	6.9
愛知県	43	35.9	8	4.4	21	16.7
三重県	38	40.5	6	5.6	7	8.3
福井県	11	10.8	0	0.0	1	0.6
滋賀県	41	50.8	10	5.9	5	4.8
京都府	133	137.7	10	5.3	3	1.6
大阪府	347	469.8	2	1.4	24	25.7
兵庫県	178	194.7	13	5.5	39	36.8
奈良県	35	57.5	3	1.5	6	13.1
和歌山県	51	88.5	5	5.8	3	3.5
鳥取県	3	1.9	0	0.0	0	0.0
島根県	36	23.2	9	4.7	36	29.0
岡山県	64	72.7	12	7.1	11	7.3
広島県	68	58.7	5	3.4	19	13.4
山口県	6	7.7	2	0.6	1	1.7
徳島県	26	23.4	0	0.0	5	2.9
香川県	82	88.2	5	3.4	20	16.2
愛媛県	45	30.9	6	2.1	4	4.4
高知県	19	16.5	0	0.0	1	1.2
福岡県	121	184.4	9	17.2	16	22.1
佐賀県	18	18.3	4	2.3	4	2.6
長崎県	94	92.0	2	4.0	4	5.7
熊本県	42	58.7	0	0.0	12	19.6
大分県	30	40.5	3	3.5	8	14.9
宮崎県	29	23.9	4	1.9	2	0.6
鹿児島県	39	22.5	4	1.7	4	1.0
沖縄県	2	3.0	0	0.0	0	0.0
合計	2501	2868.6	262	192.0	459	543.6

出典：国交省の手引き

ん。

創太　それってもしかして東京都。

父　御名答。

創太　やった。

望　お馬鹿ね。でも、どうしてそう言えるの。

父　国交省の手引きの最後のページに、これまで自治体が行った見直し状況の一覧表があるんだ。表を見ると、廃止路線数では東京は二本、延長で一・八キロと、全国最低だ。

望　大阪府は一番多いね。三四七路線、四六九・八キロもある。

父　そうだね。橋下徹知事の時、都市計画道路の見直しを進めた結果だ。大阪府は財政難に苦しんでいるから、懸命に無駄の排除が行われた。

母　それに比べると東京都は遅れているね。ルート変更なんかゼロ。幅員変更は一件だけ。信じられない。東京都って全国の最先端自治体じゃないの。うそみたい。

父　そうだね。道路住民運動全国連絡会の幹事、長谷川茂雄さんによると「東京都は一旦決めた道路は全て完成させるつもりで、見直しはほとんどありえないという世界」だそうだ。東京都は見かけは財源が豊かだからね、見直しの機運が遅れているという見方は当たっている。

母　東京都は日本で一番進んでいると思ってきたのに。事実は違ったか。オリンピックで都心では道路整備が進んでいるしね。

父　だから東京都が進めようとしている第二、四次優先整備路線をめぐって裁判が多発する

東京道路問題の最近の裁判動向

場所	道路名称	区分	提訴日	訴訟物	特記
練馬区	外観ノ2	外環道の地上部分	2013年3月	事業認可取り消し	上訴
小平市	都道3・2・8号	一般都道	2014年1月	事業認可取り消し	上告
練馬区	東京外環道	東京外環道	2014年9月	青梅街道IC	
北区志茂	補助86号線	特定整備路線	2015年7月	事業認可取り消し	上訴
板橋区大山	補助26号線	特定整備路線	2015年8月	事業認可取り消し	
世田谷区松原	放射23号線	優先整備路線	2016年6月	事業認可取り消し	
品川区大崎	補助29号線	特定整備路線	2017年6月	事業認可取り消し	
北区十条	補助73号線	特定整備路線	2017年8月	事業認可・再開発組合認可取消	
北区赤羽	補助86号線	特定整備路線	2017年11月	事業認可取り消し	

「異常事態」に陥っているんだ。

望　異常事態？

父　長谷川さんが作成した紛争一覧表（筆者修正）をみてみよう。最初三件の外環、外環ノ二と小平市は別にして、四番目からは特定整備路線が六件も裁判になっている。特定整備とは、大震災で延焼の恐れのある木密住宅地で幅四〇メートルの大きな道路を作って延焼防止にすると同時に、道路の両側の建物を三階のコンクリートなど不燃化した建物にする計画だ。

創太　延焼防止なら良いんじゃないの。

父　本当に延焼防止になるのか専門家の間でも意見は分かれている。東京都は阪神淡路地震の経験から幅広の道路が延焼防止に役立つという国の考えに準拠している。最近、新潟県の糸魚川の大火があったよね。あの時は風が強くて、一〇〇メートル以上も飛び火したんだ。だから特定整備路線に指定された住民らは、四〇メートルでも意味がないという考えだ。むしろ阪神淡路では、停電が復旧し、その際の再通電によって火災が発生したんだから、そちらの対策をとれば安くて早い地震対策・延焼防止対策になると主張して平行線だ

創太　防火っていっても難しいんだね。

父　また板橋区大山の有名な「ハッピーロード」商店街や、北区十条の商店街も住民が「不要な道路計画」「街壊しの道路計画」と反発して裁判になっているんだ。住民らは、資金の無い人や、金融機関から融資が受けられないお年寄りは、延焼防止で義務化される三階建てのコンクリート建て住宅を再建できないので、これは道路と延焼防止の名を借りた〝住民追い出し政策〟だと怒っている。また駅前の一等地では、大手ゼネコン・不動産会社の高層マンション建設計画もあり、道路計画は付け足しで、ゼネコンの再開発利権が本当の狙いじゃないかと、住民は疑っているんだ。

母　十条も大山ハッピーロードも人情味のある古い商店街じゃないの。道路問題って難しいわね。防災も必要だしね。

父　国交省の見直しも、実は道路裁判で、最高裁がこれまでと違った判断を出し始めていることとも関係しているようだ。

望　司法の独立、最後の砦ね。

（注：訴訟の多発については『沿線住民は眠れない』海渡雄一・筒井哲郎、緑風出版刊の一七八〜九頁で紹介されている）。

第2節　最高裁の変化

父　国交省の見直しの手引きに出ているんだけどね、一つは盛岡市の都市計画道路、もう一つは静岡県伊東市の都市計画道路の判決・補足意見だ。盛岡市の場合は、住民側が「長期間、建設制限を受けてきた」と都市計画の決定取り消しなどを求めた。最高裁は、特別の事情がない限り「長期間着手されなくても、直ちに決定者が法的義務に違反しているとはいえない」と原告敗訴を申し渡した。

創太　結局負けたんだね、それじゃ今までと同じでしょ。

父　お前までせっかちだな。プロセスを飛ばして結論だけを急ぐのは、ゲームやＳＮＳ世代の悪いところだ。民主主義は同じ結論でも、プロセスを大事にする仕組みだからね。じっくり考えることが大事だよ。

最高裁では、少数意見でも判事（裁判官）が自分の意見をのべることができるんだ。時代が進み、社会や経済が変化すると、少数意見がやがて多数意見に変わることだってありえるんだ。例えば、ある判事は「補足意見」で、都市計画に伴って建築制限があるのは実現を担保するために必要不可欠としながらも、制限のおよぶ期間が問題で、この件では「**六十年にわたって制限が課せられている場合に損失補填の必要性もないという考えには大いに疑問がある。**（中略）**上告趣旨には理由があるというべきだ**」と、原告の主張に一定の理解を示したんだ。国交省の手引きはこの補足意見に注目している。

母　六十年っていうとその人の人生の大半だわね。その判事の考えは、庶民感覚からするとまともだと思うわね。現在でも志茂補助86号線など多くの人たちも苦しんでいるんでしょ。

父　もう一件は、静岡県伊東市だね。道路計画で制限され建築申請を市から許可されなかった住民が、将来の交通量を予測して裁判に持ち込んだ。最高裁は、市が交通量の予測などをきちんと計算していなかったとして、住民勝訴の判決を出した。道路裁判での純粋な住民勝訴はこれが唯一だ（交通予測でも前提条件次第で、自治体の予測が過大という指摘も出ている）。

有名な広島県福山市の鞆の浦裁判は、道路をつくるため公有水面を埋め立てる計画の差し止めを認めたレアケースだった。

創太　宮崎駿監督のアニメ映画『崖の上のポニョ』の原画の元になった風景のあるところ？

父　そうそう。だから俗にいう『崖の上のポニョ裁判』として有名になった。全国から裁判所に数千通の嘆願書が届けられたという情報もある。でも鞆の浦裁判は、道路そのものではなくその手前の海（公有水面）の埋め立てを阻止したということで、直接性が乏しいんだ。

従って純粋に道路問題の判決では、**静岡市のケースが最高裁が最初に行政に出した「レッドカード」だったともいえるかな。国交省の頭の回転の速い役人は先手を打って、不要な都市計画道路の見直しを進めだしたってこと**かな。

望　なるほどさすがは官僚ね。時代の変化はきちんと理解しているのか。じゃなんで最先端自治体の東京都は見直しをしないわけ。

父　相次ぐ批判に、東京都もようやく重い腰を上げて「見直し」についての議論をはじめ、二〇一八年七月に「中間報告」のとりまとめに入った。しかしね、第四次事業化計画は一切、見直しの対象にしないという頑なな姿勢はここでも変わらない。小金井も対象外だ。二〇一九年七月に東京都はようやく、未着手の道路計画＝約五三五キロ＝について検討する「都市計画道路の在り方に関する基本方針」（案）を公表したんだが、規模が小さいね。

創太　それじゃ見直すって、ほとんど意味ないじゃないか。それじゃハケが壊されちゃうよ。

父　東京都を被告とする道路紛争の裁判も何度か傍聴したが、都の姿勢があまりに高圧的だと感じたね。

「**どうせ裁判所は俺たちの言いなりの判決しか出せない**」という傲慢さも見え隠れしている。高裁レベルでは原告住民らの主張を無視する東京都に対して、たまりかねた裁判所が「きちんと反論した書面を出すように」と訴訟指揮する場面にも出くわした。さすがに司法も行政の言いなりになってきたツケを感じ始めた気がするんだけどね。

第３節　司法よ、このままでいいのか

道路紛争の噴出で、国民から司法に期待されているのはチェック機能だが、都市計画路道路で司法がストップをかけたのは伊東市の一例しかない。「行政の言いなり」「スタンプ機関」にすぎないという〝汚名〟を返上するにはどうしたらいいのか。

◇三つの基準＋α

都市計画を巡る裁判では、最高裁が打ち出した三つの判断基準がある。いわゆる「小田急訴訟」で、最高裁は行政に「広範囲の裁量権」（いわば「絶対的国家高権」論の容認）が委ねられていることを認めた上で、絞り込みチェックのための三つの基準を打ち出した。

すなわち事業計画に、

(1)　重大な事実誤認があり、重要な事実の基礎を欠くこと
(2)　事実に対する評価が明らかに合理性を欠くこと
(3)　その内容が社会通念に照らして著しく妥当性を欠くこと

という基準を満たさない場合は、事業認定を取り消したり、修正を命じたりすることが可能というものだ。

しかしこの三基準が示された以降も、道路紛争は頻発し、訴訟が相次いでいる。これら三基準だけでは、住民や、犠牲となる人々の「固有の生活権」「環境権」への配慮があまりに不十分だと思われる。

この三基準に加えて「相対的（準国家）高権論」（第8章）に基づき、

(4)　計画決定前から関係者・住民と「意味のある」対話をしたか（ゼロ案や参加原則）
(5)　住民の生活権、財産補償や環境・健康問題などに十分な配慮をしたか（生活・環境原則）

という二基準を追加するべきではないかと思う。裁判所が判決で立法措置を促すこともできる

だろう。

◇「第三の領域」

従来、自由と民主主義をめぐる憲法判断では、基本的人権で精神的自由権（内心の自由・表現の自由など）と経済的自由（職業選択）の判断基準が峻別されてきた（参照　芦部信喜『憲法』岩波書店）。前者では、信仰の自由、表現の自由など民主制そのものの基盤に悪影響を与え、民主体制に回復不能なダメージを与えないようにするため、厳格な基準で慎重に判断される。しかし、後者の経済的自由は職業選択や店舗の位置、酒類の免許など、時代を反映した側面があるので柔軟な判断が許容されてきたようだ。

では公共事業や道路計画はどうなるのか。憲法は財産権保障（第二九条）で、「財産権の内容は、公共の福祉に適合するように、法律でこれを定める」（二項）、「私有財産は、正当な補償の下に、これを公共のためにもちいることができる」（三項）と定めている。

しかし解決策は、金銭解決だけを志向してきた。「公共性」「公共の福祉」の中身、形成手続きについては民主主義的な価値があると認めてこなかった疑いがある。

公平にみて、これまでは「国家高権論」に従い、行政や大企業寄り、つまり都市計画立案者（行政）や開発側の利益に一方的に「公共性」があると暗黙の前提の下で判断されてきたのではないか。反対する市民の訴えは、「私的利益を主張しているに過ぎない輩の『わがまま』『地域エゴ』」として退けてきたのではないか。

これまで見てきたように、道路問題は市民の固有の生活権・環境権だけでなく、都市をどう作るのかという**民主的プロセスそのものに関係する。つまり、経済的自由権と精神的自由権の中間に属する領域になるのではないか。民主的な決定過程そのものへの市民の関与の仕方が、社会全体、あるいは地域にとって重要といういわば「第三のエリア」だ。**

もしそうであるなら、行政や大企業・大組織の言うことを一方的に追認するのでは、司法は国民から期待される役割を果たすことができない。

行政がどのようにして市民と協働して公共性を紡ぎだしてきたのかを、鋭く問われる時代に入っている。現在の都市計画法の下で、自治体によっては都市計画への住民提案を認めるところも多少出てきている。果たして司法に時代と民意の変化を受け止める自覚はあるだろうか。

巨大ゼネコンなど企業サイドによる政治関与が、選挙・政治献金を通じて民主主義のプロセスに大きな影響を与えている実態が知られている。それが、都市計画や道路計画にも影響する。一定程度は「民主主義のコスト」と考えることもできるが、決定プロセスに一方的に影響しているとなると、これまでのような開発優先の判断にお墨付きを与えるだけでは、巡り巡って民主制全体を危うくするリスクがあるのではないか。

実際、首都圏ではタワーマンション群や、容積率を途方もなく緩和して林立する都心の高層オフィスビル群で、開発優先の傾向がますます加速しているようにみえる。

ニューヨークでは、マンハッタン島の一部で超高層ビルの建設規制はかなり緩やかだが、一歩、郊外の居住地区に出ると、駅前の一等地であっても開発規制が厳しい。資本の自由・活力と、市民社会とのバランスが図られているのだ。郊外に住む数万人の日本人駐在員と家族は、緑地のある広い家に住む経験をし、帰国したときに「生活の質」の差に驚くのだ。事情はオーストリアでも変わらない（米国での金融規制も実は日本で考えられている以上に厳しい）。

法曹関係者への道路問題での取材によると、従来は、行政が裁判で代替案を検討しましたと、書面で証拠提出するだけだったようだ。この代替案自体が、「第三者」もしくは、市民側が主張する意見を踏まえて「公共性」の中身を公平・公正に審査したものなのか疑わしい。多くの判決文には、行政があたかも代替案をきちんと検討したかのように触れているだけなのは一体どうしたことなのか。あまりに行政寄りではないだろうか。

行政学者からは「**司法が行政を甘やかして手が付けられない状態になっている**」という怨嗟《えんさ》の声が聞かれる。行政の主張を、反証の機会も与えず額面通り受け取ることが、日本国憲法で期待される司法の姿なのだろうか。

既に見たように、多くの一般国民が海外生活やメディア・ネットなどを通じて、先進国の公共事業の決定プロセス状況を知ってしまったという現実がある。明治以来のドメスティック（国内）な価値観にとらわれている司法と、国民の間の認識のズレが臨界点に達しつつある。現行のままでは、司法は行政におもねった、「スタンプ司法」という忖度・追認機関でしかなくなり、司法への国民の信頼感は地に墜ちるリスクがある。司法の将来を憂うる。

第10章　ホタルと民主主義＝名古屋市の実験

第1節　トレードオフ論の欺瞞《ぎまん》

望　国交省だけでなく、司法にも若干ながら見直し機運が出ているんだね。

父　そう行政も司法も、国民の声を無視し続けることはできないからね。でもスピードが鈍くて世界に遅れていると感じている。それともうひとつおかしいと感じていることがあるんだ。

創太　え、パパ、何？

父　それはね小金井市での市民向け説明会で都の役人が、持ち出した「トレードオフ」論だよ。

望　トレードオフ論って、超難しそう。

父　確かにね。例えば、経済の世界では、「失業率を下げようとすると、インフレ（物価）が上昇する」関係がある「フィリップス曲線」というのが有名だ。これがトレードオフの典型だ。

母　失業は減って労働者・庶民は助かるけど、他方で不都合な物価上昇が発生するという仕組みね。一方を優先すると、他方は犠牲になるってことね。庶民としてはどちらも困ってしまうわ。

望　都のお役人のトレードオフ論は、「ハケの環境」と「道路が通る便利さ」を天秤に掛けているわけね。

父　まっ、そういうことだね。でも経済のトレードオフでは、同じ価値の交換が可能だということが大前提だ。ところが、小金井のハケは、もう国分寺崖線でここしか原風景が残っていないという環境的に見て希少な価値、つまり「聖地」（サンクチュアリー）だよね。道路ネットワークが形成されれば便利になる。だからといって、この自然環境はクルマ社会の利便性とそもそも交換可能なのかに大いに疑問がある。

パパが尊敬する写真家の田沼武能さん（前日本写真家協会会長）の『武蔵野賛歌』という写真集があるんだ。武蔵野のいのちを育んできた原風景が記録されている。田能さんが、武蔵野の原風景を歩いて記録したものだ。もう残っているのは数少ない。その最後に残された聖地が道路で壊されるというのは哀しすぎるね。

田能さんの写真集の表紙

国分寺崖線が宅地化でどんどん開発され、武蔵野の原風景がもう小金井市にしか残っていないとすると、環境を「これ以上傷つけてはいけない」という価値観があっても不思議ではないはずだ。トレードオフ論は通用しないはずだよ（他にも写真集『生きている野川』『生きている野川それから』創林社が有益だ）。

創太　武蔵野の自然はこんなにも豊かだったんだ。オオタカもたくさんいたんだろうね。確か国分寺市の道路計画も奈良時代のお寺などの遺跡（武蔵国分寺）が見つかったので、計画を見直したって、パパ言ってたよね。

父　よく覚えていたね。さすがわが息子（笑い）。

歴史的な遺跡などは、開発に際して発掘調査が文化財保護法で義務付けられている。歴史的な遺物に「価値」があるというわけだ。だから国分寺の道路計画を一部断念したってことさ。最近知ったんだけど、国分寺ではなんと古代の幹線道路の跡が発掘されたんだ。

古代は開発の規模も小さい。ところが高度成長期にハケ周辺でどんどん宅地化が進み、いまでは小金井市にしか原風景は残っていない。

ところが都の都市整備局の役人はハケについて聞くと、「それは広島の原爆ドームに相当するモノがあったりすれば考えますよ。でも……」と大した価値物ではないという認識なんだ。

母　だから説明会でトレードオフ論が飛び出したのね。ハケには保護するだけの価値があると思うけど。道路と交換なんてできないんじゃない。まずはそこから行政と市民が対話しないといけないのではないの。それに小池知事はハケを現場視察するって約束したはずだよね。

父　いまのところ空手形だね。都の役人は「五十年前の都市計画決定がある、官報に掲載された」と、旧い証文を持ち出しているけど、（第４章で）報告したように旧都市計画法上の手続き上からしてもおかしい。官報に載る前のプロセスに大きなキズ（瑕疵《かし》）があるわけだから。まして長い時間に起きた「社会経済の変化」を踏まえれば、今では最後に残った武蔵野の「命の心臓部」まで壊す正当性は乏しいと思うよ。稀少な環境は存在すること自体に意味がある。我々の世代で、消費し尽くし、ハケの自然が消滅してしまっては未来の子供たちに申し訳ない。

創太　パパ、環境と道路がトレードオフできないものだって具体的な例はないの。僕たちにも分かりやすいケース。

父　そうだね。じゃ、全国の道路問題研究者が注目するユニークな実験を紹介するとしよう。愛知県名古屋市のケースだよ。パパが勝手に名付けて「ホタルと民主主義」物語。

第2節　改革派市長の「英断」

名古屋市の東にある天白区で宅地化が進んだ地区に相生山《あいおいやま》（広さ約一三〇ヘクタール、標高約五〇メートル）という自然豊かな里山が残っている。ここがその舞台だ。

相生山は自然度の高い林などの緑地があり、水辺を必要としない陸生の変わったヒメボタルのハビタット（生息地）で知られる。ヒメボタルは生息環境の悪化などで数が少なくなってきており、名古屋市のデータブックでは「準絶滅危惧種」で、住宅地に囲まれた地区に、これだけの数がいるのは「奇跡に近い」と言われている。

元々一九四〇年（昭和十五年）に都市計画緑地に指定されたのだが、一九五七年（昭和三十二年）

に相生山を東西にぶち抜く都市計画道路計画（長さ約九〇〇メートル）が決定された。

長年計画は実行されなかったが、近くの交差点の渋滞軽減の要求が強く、このため一九九三年（平成五年）に事業認可されていた。まさにホタルに象徴される環境保全と道路の「トレードオフ」の典型といってもよいケースだ。

「相生山の自然を守る会」（以下、守る会）の近藤国夫代表と、「相生山緑地を考える市民の会」（同、市民の会）の福井清共同代表らに話を伺った。

二〇〇〇年（平成十二年）五月に、相生山に都市計画道路（一六メートル）を通すための地元説明会が「突然」開かれることになった。

名古屋で開催された「自然の叡智」をテーマにした「愛・地球博」（日本国際博覧会、二〇〇五年開催）に際し、会場予定地の海上《かいしょ》の森でオオタカの営巣があったことから、自然保護団体などが用地として不適切などと反対運動を展開した。この時、反対運動に関わり、相生山周辺に住んでいた人たちが「緑地に都市計画道路なんてとんでもない」と異議申し立ての声を上げ、創設メンバーとなって「守る会」を発足させた。会員は約一〇〇人ほどだった。

近藤さんは当時相生山の近くに住んでおり、子供さんが小さいときは、よく一緒に散策していた。説明会に参加して「これはおかしい」と関心を持ち、後に「守る会」に加わることになる。

名古屋市は二〇〇四年（平成十六年）三月から道路開発優先の声に押されて道路建設を着工した。工事は相生山北側の両端から進み、高架のコンクリート部などが出来上がり、完成まであと一八〇メートル弱を残すだけとなった。環境保護派にとってはヒメボタルの生息地の心臓部分を横切る寸前で、ヒメボタルの運命は風前の灯となっていた。

まさにその時、「神風」が吹いた。二〇〇九年（平成二十一年）四月に「庶民革命」を旗印にした河村たかし市長が誕生したのだった。

河村氏は、減税など庶民目線での政治改革をモットーにしている。同年九月に相生山近くで「市長の前でちょっといい対話」という洒落た名の住民対話集会を開催した。その場で、住民や守る会などから「都市計画道路建設に反対」の声が圧倒的に多く出された。

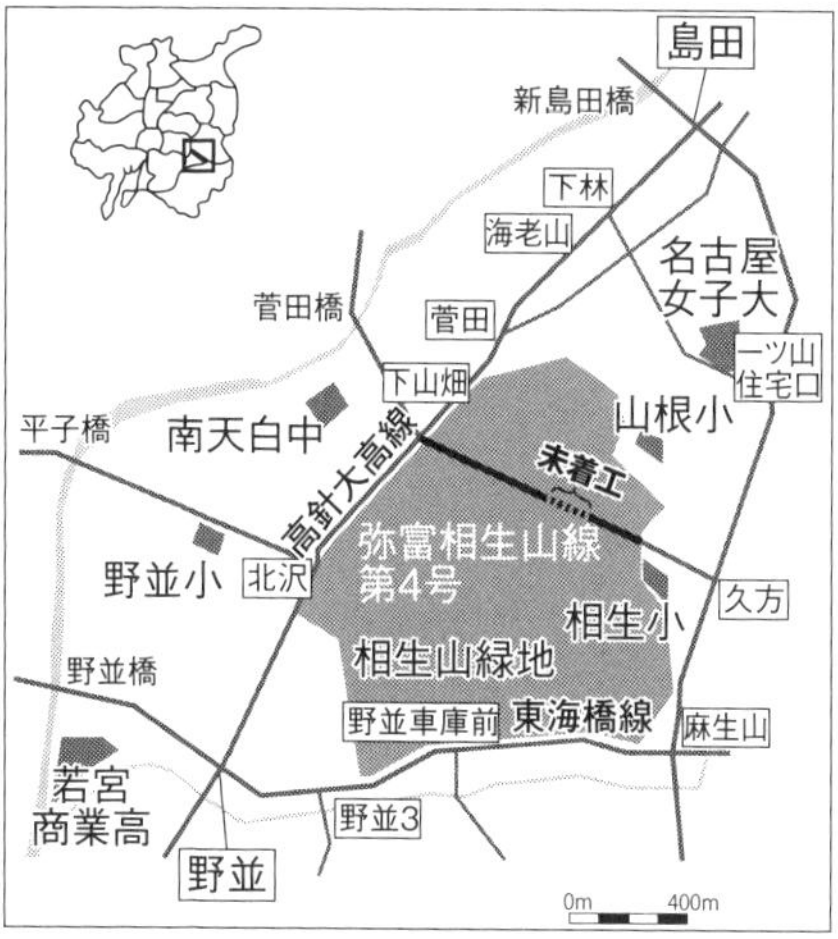

出典：名古屋市資料、一部修正

翌二〇一〇年（平成二十一年）一月、河村市長は、道路建設の工事中断を打ち出した。その際、河村市長は、①本当に道路が必要か科学的に検証する、②最終的に「自分が決める」——という方針を打ち出した。

第3節　第三の視点＝生活の質

河村市長は、科学的に検証するため専門家で構成する「相生山緑地の道路建設に係る学術検

相生山都市計画道路を巡る動き

	名古屋市	環境団体・住民	出来事
1940年（昭和15年）12月	都市計画緑地決定		
1957年（昭和32年）9月	都市計画緑地決定（895m）		
1993年（平成5年）9月		道路事業認可	生物多様性条約締結
2000年（平成12年）	地元説明会	相生山の自然を守る会発足	
2004年（平成16年）3月	工事着手		
2009年（平成21年）4月	河村市長当選		愛知万博・オオタカ生息で会場修正
9月	市民との対話集会		
2010年（平成22年）1月	工事中断を表明・学術検証委員会発足		
10月			生物多様性条約COP10「愛知目標」
12月	検証委報告書		
2011年（平成23年）3月	国道302号線運用開始・地下鉄延伸→渋滞緩和		
2013年（平成25年）4月	河村市長市長選で住民投票での決定を公約		
2014年（平成26年）10月	住民意向調査	市民による住民意向調査	
12月	河村市長「廃止」を表明		
2015年（平成27年）3月	庁内「AIOIYAMAプロジェクト検討会議」設置		
5月		5団体が「ヒメボタルin相生山」開催	
2017年（平成29年）1月		3団体が計画廃止求める署名提出	
2018年（平成30年）12月	AIOIYAMAプロジェクト素案を発表		
2019年（平成31年）1月		守る会・意見書提出	
2月～	意見交換会		

証委員会」（都市計画や昆虫学などの学者一〇人で構成）を立ち上げて、相生山の道路計画を再検討させた。

委員会は、道路は必要という社会資本の整備というニーズ（必要性）と、自然環境の保全という一見すると二律背反の問題を、二十一世紀型の「市民の生活の質（QOL＝Quality Of Life）」を向上させるという〝第三の視点〟で見直そうとした。

委員会はそのため、森やヒメボタルなどへの、①道路ができた場合の影響、②出来なかった場合の影響、③工事を中断した場合の影響、の三つのケースを比較、また道路があった場合の自動車交通の流れや、逆の場合のシミュレーション比較なども徹底的に実施。その結果、工事によって減ったヒメボタルが、工事中断の間に増えてきたことが分かった。

委員会は、二〇一〇年十二月に最終報告書を提出したが、道路を建設すべきか、廃止すべきかの判断は「具体的な結論を提言する権限を有しない」として出さず、今後「政治、行政、地域住民などの当事者が高度で責任ある判断を下す」よう求めたのだった。

さらに環境保全派に「追い風」が吹いた。二〇一一年三月、相生山緑地近くに地下鉄桜通線が延伸、同時に国道三〇二号線も開通したことから、相生山緑地の都市計画道路の必要性の根拠だった周辺二カ所（野並、島田交差点）の「交通渋滞が緩和されだした」（守る会などの主張・交通センサスでも確認）のだった。

一方、「名古屋から民主主義の曙を」をスローガンにする河村市長は直接民主制に通じるような実験（地域委員会など）を試みたが、議会との軋轢もあり進まなかった。

二〇一三年（平成二十五年）四月の市長選では、相生山緑地問題を「住民投票にかける」と公約。同年十月には記者会見で「一月末までに相生、高坂、野並、山根の『地元』四学区（注：小学校）の住民による『住民投票のようなもの』の結果で道路建設を中止するか続けるかを判断する」と表明した。しかし、実施には踏み切れなかった。

曲折を経て、市当局は二〇一四年（平成二十六年）十月十一日、相生山緑地問題で、環境団体・市民団体と、地元住民・四学区役員ら約一七〇人を二時間ずつ二回に分けて招き、意見聴取する場を設けた。目的は市長が、道路建設の是非を判断するためだ。住民の意向もきちんと聞いて判断したという証拠となるものだ（結果は「住民意向調査」を参照。http://www.aioiyama.org/HP-sozai/2014-nagoyasi-kenntouiinnkai/nagoyasichousa-jissihoukokusho-20141011.pdf）。

河村市長は「本当はこういう問題は、やっぱり**民主主義の原点、住民投票**なんですが、一旦合意したんですが、まあいろいろあってやめたわけではないんですが、一応まず話を聞かせていただいて、お住まいの皆さんにとって一番良い道はどちらなのか、また名古屋市民にとって一番良い道はどちらなのかということを、判断させていただきたい。どうぞ民主主義の時代ですので、遠慮されませんように、ガンガン言っていただきたい」（注：一部発言を整理）とあいさつ。

環境保護・緑地保全の市民団体からは道路建設に反対する意見、一方「環境に配慮して道路と両立は可能」などとする建設推進の意見などが出された。

一般傍聴は認めなかったことから、一部の参加者からは「市民不在で形だけの調査だ」と批判の声も聞かれたという（朝日新聞）。

第4節　市民の力＝手作りの独自世論調査

これに「待った」をかけたのが、福井さん達のユニークな運動だ。

時間を一年前に巻き戻す。福井さんたちは、住民投票が進まない中、「単なる意見聴取でお茶を濁そう」という市当局の動きを危惧。そこで相生山の自然を残すべきなのか、道路を通すべきなのかを、「主権者」である名古屋市民に直接聞くため独自に意向調査しようと考え、二〇一三年十一月に「市道弥富相生山線を考える市民の会」を構成した（後に現在の「市民の会」に改組）。

福井さん達は、住民自らが「納得し」「判断する」ためには、①**公正で十分市民が理解できる資料がある、②情報が共有されている――ことが前提条件になる**と考えたのだった。

【第一段階＝二〇一四年七月】「公正な調査」のためにどんな調査を行えばよいのかということ自体を、市民から意見募集し、四六人から提案・意見が寄せられた。

【第二段階＝同年八～九月中旬】これらの提案・意見を基に三回の検討会議を開催、市民意向調査の方法を決めた。

その結果、ポスティング調査と街頭アンケートを組み合わせることになった。調査では、「概要・経緯」と「双方の意見」を資料として添付、公平な判断ができるようにした。

具体的には、①天白区と相生山に近い周辺の緑区・瑞穂区の三区を五〇〇のマトリックスで区分けし、一区画に二通の質問票、計一〇〇〇通をポスティング、②それ以外の市全域一三区を同様に五〇〇のマトリックスで区分けし、一区画に二通の質問票を計一〇〇〇通ポスティングする。合計二〇〇〇戸のポスティング調査。

一方、市内一〇カ所で街頭アンケート調査を実施する、という内容だ。

【第三段階＝同年九月下旬〜十月】九月二十七日に駅前やお祭りなどのイベント会場などで街頭アンケート調査をスタート、十月二十六日まで順次実施した。ポスティング調査は十月二日から二十三日まで、会員らが直接出向いて行った。

十月三十一日時点の回収は、総数一一一〇。内訳は街頭が八一六（名古屋市民七七九）、ポスティングは二九四で、内訳は天白区など三区が一八三、一三区が一一一だった。

両方の回答の年齢別では、六十代以上が過半数で最大。五十〜十代はほぼ五〜一〇％前後。

【集計結果】

質問1「ヒメボタルの群生地である相生山緑地を知っているか」は、「ハイ」が、地元の天白区は八五％だったが、全市でも七三％。

質問2「相生山緑地を横切る道路建設をご存知ですか」は、「ハイ」が天白区は七九％、三区は七二％、全市が六六％。

質問3「道路建設工事が中断中であることを知っているか」は、「ハイ」が天白区が七三％、三区は六七％、全市が五八％だった。

相生山と道路建設の認知度は非常に高かった。

最も重要な質問4は「『緑地』か『道路』」のどちらかを選ばせる選択で、市全体で「緑地」が

七四%、「道路」が一六%、「わからない」が一〇%と、圧倒的に環境保護重視の結果となった。

「道路を中止して緑地にする理由」の選択肢（各一〇択）で選ばせた結果は、「緑地を分断して自然を破壊するから」という理由が全市で五〇〇人を超えた、また「ヒメボタル・オオタカの生息地を守る」という理由も六〇〇人に迫る圧倒的多数だった。

アンケートに寄せられた意見の中で興味深いものを紹介する。

「道路」優先を選択した人では、天白区の九十代は「愛知県民は自動車産業の恩恵を多く受けており、車の通行の利便性を第一義として考えるべきだ」

守山区の六十代は「政治家が自分のポーズのために利用するのは、やめてほしいです。本当に税金のムダ使いをしましたね。これで撤去したら、今までかけた時間とお金は何だったんでしょう。私は『何を今さら』としか思えない」

瑞穂区の八十代は「八割完成を止めるバカ？　許せない」など。

道路優先は六十代以上が圧倒的に多かった。

これに対し「緑地」優先の意見では、三十代から六十代が多かった。

天白区の五十代は「道路を建設しかけており、それを取りやめるのは勇気がいることとは思いますが、道路はなくてもやっていけます。自然は一度壊したら元に戻せません!!」

南区の四十代は「国も県も、市民も生活が厳しくなる一方なのに、必要かどうかも定かでない公共事業の出費はいらない。（中略）自然破壊も、もうこれ以上必要ない。止めましょう」

市主導の「住民意向調査」の実施と同時期に、市民による手作りの「意向調査」をぶつけ対抗した格好になった。

第5節　「廃止」表明＝未完の闘い

市民の会は十一月十一日、市民による「意向調査」で七四％が道路建設反対だったとする結果を河村市長に伝えるとともに、記者発表した。

河村市長は十二月二十六日の御用納めの日に、「都市計画道路事業の廃止」を表明した。

近藤さんたち環境保護派は「ついに道路廃止を勝ち取った」と大喜びしたが、「相生山について」と題したリリースの文面に、再び驚かされた。リリースは、以下の考えに基づき都市計画審議会に諮問、ご審議頂くと前置き、①道路事業は廃止する、②近隣住宅地への通過自動車の入り込みについての対策を講じる、③相生山緑地を世界から「ＡＩＯＩＹＡＭＡ」と呼ばれるような名古屋の新名所となる公園として整備する――という三点を示した。ところが「注」部分で、公園で、建設済みの道路部分は壊すことなく、公園施設として活用、公園内に一車線相当の「園路」を設けて救急車などの緊急車両は通行できるようにすると記載されていたからだ。神は細部に宿るだった。

近藤さんたちは「都市計画道路の廃止は表明されたものの、『園路』の名を借りただけで事実上の道路にほかならないのではないか。建設済みの道路部分を残すことは相生山緑地の生態系に悪い影響を残すリスクがある」と懸念した。

河村市長の問題解決（都市計画変更）に向けた指示を受け、市当局は二〇一五年（平成二十七年）三月、庁内に「世界の『ＡＩＯＩＹＡＭＡ』プロジェクト検討会議」を設置。三つの「作業部会」が設けられた。重要なのは、会長に市長自身が就任したことだ。

会議は、「計画素案」の作成に向けて動き出す。緑地整備案のプロセスでは、市民・住民からの意見、有識者会議などの提言を受けて基本計画を策定することになっていた。二〇一七年（平成二九年）から二〇一八年（平成三十年）に、七つの市民団体から「生態系維持のための提案」「園路でつながないことを求める要望書」など八本の要望や意見書がだされた。

そして約三年後の二〇一八年（平成三十年）十二月十六日、市は天白区役所で、「計画素案」についての説明会を開催した。素案は、概略次の通りであった。

【自動車入り込み対策】

道路幅の幅員縮小などを行ったが、交通量には変化がなかったとの報告。

【野並・島田交差点の渋滞対策】

車線の追加で対応。

【相生山緑地】

障害者を含めて誰でも楽しめる「ユニバーサルデザイン都市公園」を骨格とし、自然ふれあいゾーン、デイキャンプ場、芝生公園など七つのゾーンで構成する。

問題は、「園路」は残し自然ふれあいゾーンに二方向から入る（インターチェンジのように事実上つながる）、ヒメボタルの生息地の自然保護ゾーンが真ん中に小さく設けられるイメージとなっている点だ（イメージ図はhttp://www.city.nagoya.jp/ryokuseidoboku/cmsfiles/contents/0000112/112052/301216_setumaikaisiryou.pdfの資料5）。

近藤さんたちは「四年も費やしてこんなありきたりの案しかできなかったのか。都市計画道路が正式に廃止になっていない。『園路』は道路そのもので、新たに建設するところはヒメボタルがたくさん生息している斜面。あまりに盛りだくさんで、全域にヒメボタルが生息する緑地にこんなにもいろいろ作る必要があるのか」と反発した。

年が明けた二〇一九年一月十一日、守る会は説明会を受けての「意見書」を河村市長と緑政土木局長あてに提出した。意見書は「緑地を細かくゾーン分けし、芝生公園やスポーツ広場、デイキャンプ場を配置するなどあまりにありきたりで、何回も検討してこれですか。と深いため息が出てしまいました」と指摘、「大都会に在りながら、相生山緑地は全域にわたりヒメボタルが生息する希有なところです。この素晴らしさを前面に押し出し、緑地全体を保護地域にしていることを世界に発信する発想が欲しい」と注文を付けた。

具体的には、①道路廃止を緑地基本計画と切り離し早急に都市計画審議会に付議せよ、②緑地整、備基本計画は多くの市民と意見交換して十分時間を掛けて話し合い、拙速な策定をするな、③相生山緑地整備は施設をたくさん作るのではなく、都市内にある大きな雑木林の塊となるよう整備すること――を求めた。

市は市民・住民らとの意見交換会を進めているが、近藤さん達は「期限を切らないよう」クギを刺している。相生山緑地とヒメボタルの生息地を守る運動は、「未完の闘い」の途上にある。

第6節「UNTAMED NATURE」

（創太ファミリーがゴールデンウィークを利用して名古屋の相生山緑地に来た）

望　名古屋と言えば、一〇〇メートルもある大きな道路で有名だよね。

父　そうだね。名古屋の道路はすごいね。ある道路問題の関係者によると、名古屋は高速道路網が整備されていて、「すべての道はローマに通じる」をもじって「すべての道はトヨタ自動車（本社）に通じる」という冗談もあるくらい道路が整っているね。
近藤さんによると「天白区では道路建設計画で未達成はたった二本だと役人から言われています」ということらしい。名古屋市民はもう便利さを十分享受してきたと思う。

母　相生山の道路事業って完成まであと一八〇メートルまで来てたわけでしょ。首の皮一枚残すだけだったんだね。河村市長すごい英断じゃない。

父　そうだね。36道路でも見たように、都市計画審議会という民主主義的な装いをした組織で一旦決定したものを、諮問した自治体のトップが「はい止めましょう」と鶴の一声で覆すのは簡単じゃない。東京・世田谷区下北沢の道路計画の凍結でも保坂展人区長のイニシアチブが影響したようだ。

望　「国家高権」の絶対、無謬、包括「神話」の見直しにもつながる決断ね。

父　そう。社会経済の変化、特に計画から五十年以上も経っているのに見直しがないというのはいかにも硬直的だ。米国では、長期間実現しなかった計画は止める「サンセット（日没）」方式という考えもある。日本では、官治主義の無謬性神話があまりに強すぎる。だから、河村市長のように、あえて火中の栗を拾う政治家の英知が必要なんだ。パパは政治家はあまり好きな方ではないが、河村市長の「市民を市が管理し、市を県が管理し、県を国が管理するような時代は終わったということだ。**それを市民を市と県がサポートし、地域政府を中央政府がサポートするようなかたちに直す**。それを実現させること、それをわしは〝庶民革命〟と呼ぶ」（『名古屋発どえりゃあ革命！』河村たかし著）というのは、まさに「国家高権論」の見直しに通じる思想で、高く評価したいね（第7章二一〇頁、ＥＵの「補完性原理」に通じる考え方）。

母　そうね。民主的なプロセスで、道路が必要という考えと、自然保全の考えなどで、学術検証委員会などで多角的に議論が行われた、その上で首長が最終判断したという点が素晴らしいわね。小金井の道路計画の都と住民の「意見交換会」との落差を感じてしまうよ。

父　ただ、河村市長は相生山で公園整備をやるといっている。その中には緊急時に緊急車両が通れる一車線の『園路』を作る案があり、環境保護派は「山を分断すると、風道が雑木林に入り込むなど〝エッジ効果〟が発生して生態系に影響が出る」と懸念している。

河村市長と言えども政治家だから、有権者に分かりやすい目に見える実績（りっぱな公園）を残したいと思うのは当然だ。でも、環境保護団体は、公園ではなく、相生山緑地をできるだけいじらないで、自然に近い形に戻すことを望んでいる。

人が主体で自然を管理する「TAMED　NATURE（人の手の入った自然）」と、その逆の「UNTAMEDE　NATURE」（野生の自然）という発想の違いがあるみたいだね。市の素案は前者の発想で、いじくり過ぎだと感じる。

もちろん河村市長は、都市計画道路の工事中断、廃止を決断した点では立派だと思うよ。でも美濃部さんや河村さんたち偉い政治家「開明君主」にすべてお任せではいけない。民主主義は制度じゃなくって、市民による永続的な運動、未完の闘いのプロセスでもある。福井さん達の手作りの市民による意向調査なんか、すごい。

望　AIOIYAMAプロジェクトの素案作成自体を市民団体と最初から話し合えばよかったのに。形式的対話ではなく、「意味のある応答」だったよね（第3章第7節「PI失敗の本質」）。

父　その通り。でも市役所内で検討会議を作ってしまったからね。今度は河村市長がトップの会長だから、素案は自分が承認した考えになってしまう。基本計画の作成過程でも、市民団体などからの意見は形式的な聴取レベルにとどまっている。近藤さんも「われわれの（自然優先の）考えが入っていないのが、一番悔しいですね。確かに緑地の管理（火事対策など）も必要で〝園路〟もあっても構わないが、既にある細い生活路を活用すれば可能なはずだ」と話しているんだ。

（歩きながらヒメボタルの生息地に来た）

創太　相生山ってホントに住宅地に囲まれている里山なんだね。緑が多く気持ちが良い。ウワー、なにこれ。作りかけの道路が森を切り裂いているし、コンクリートの高架橋げたじゃない。ひどいよこれは。

望　本当、アグリー（醜い）ね。すぐそばにヒメボタルの生息地と、竹林があるのに。

父　そうなんだ。だから市民団体はコンクリートと未完成の道路の撤去が必要だと主張している。景観だけでなく、素案は、生態系にも理解が不十分な気がするんだ。

創太　不十分ってどんなこと。

父　パパも今度初めて知ったんだ。ヒメボタルばかり注目されているけどそれは違うんだ。近藤さんたちはヒメボタルだけを守ろうとしているわけじゃないんだ。

創太　エー、どういうこと。

父　確かにヒメボタルは相生山緑地のシンボルなんだけどね、近藤さん達は生態系全体が大切だという考えなんだ。

自然界には食物連鎖という関係がある。生態系ピラミッドでは、落ち葉や死骸などの『分解者』である微生物レベルから始まって、植物などの「生産者」が存在し、その上に昆虫やカエルなどの動物や小鳥、頂点にオオタカなど猛禽類が「消費者」として君臨する。段が上がるごとに一〇分の一ずつ生物量が減るそうだ（天白区『自然ガイドブック』など参照）。

望　つまり、生態系全体が崩れるとヒメボタルたちは絶滅の危機に瀕するってこと？

父　その通り。相生山緑地にはかつてオオタカの営巣があったとされるが最近は確認されていないそうだ。またヒメボタルの生息する竹林が拡大しすぎると、今度は雑木林が危なくなる。ヒメボタルは一時的に増えてもね。生態系は人間が考える以上にデリケートなんだ。

母　だから守る会などはエッジ効果とか心配しているわけね。雑木林の外れでは確かにムッとする風が吹き込んできて，雑木林の中の温度が暖かくなり変化してしまうのが肌で分かったわ。相生山緑地は子どもたちにとって生態系教育の宝庫でもあるわけね。

父　近藤さんや福井さんによると、この三年ほどでネットなどでヒメボタルが有名になり、飛翔し出す五月から六月に全国から毎週末に一日、一〇〇〇人以上が押し寄せ、カメラマンも

上は、ヒメボタルの生息地の竹林、真ん中、すぐそばにコンクリートの高架橋げた、下は道路＝トンネル、コンクリートの上で雑木を再生させたとしている

福井清氏提供

二〇〇～三〇〇人が殺到しているそうだ。

母　うわー大変。オーバーツーリズム（観光公害）現象じゃない。

父　そうなんだ、ヒメボタルが発光するのは深夜で、雌は飛べず地上にいるのに、生息している場所を踏み荒らす人や、大声で会話する人が出るなどマナー違反も続出している。ボランティアの近藤さん達がマナーを守るように声掛けしているが効果がないようだ。道路計画に公園計画、さらに新たな問題が生じているってことだね。

創太　生態系全体を守らないと。ピラミッドの頂点のオオタカが営巣しなくなっただけじゃなくて、森全体が危ないってことだね。

父　そうだね、だから名古屋市は、素案の修正過程で、現場で生態系を守ってくれている市民団体の体験や考えを謙虚に聞くべきだと思う。

望　それって、「プライベート・パブリック」を支える市民と、公務員市民が協力して「公共性」をともに練り上げるプロセスがここでも必要と言うことね（第7章）。

父　庶民革命が単なる政治スローガンでないなら、河村市長の真意を生かすためにも直接民主主義的な方策を採用するべきだと思うよ。日本全国どこにでもあるような公園イメージは実は名古屋市民が望まない税金の無駄使いなのではないのかな。生態系のデリケートさを見据え、相生山緑地の自然そのものを復活させてこそ、世界に誇れる「ＡＩＯＩＹＡＭＡ」になるんじゃないかな。

（空中でカラスがガーガー騒ぎ出す）

母　ほら見て、オオタカが飛んできたら、たくさんのカラスが攻撃しているみたい。大丈夫かしら。オオタカは悠然としているけど。

望　本当、名古屋はなぜかカラスが多いわね。生活ごみのせいなのかな。カラスが増えすぎると生態系が壊れちゃうわね。あれ何か光る大きなものが物凄いスピードで来たら、カラスたちが慌てて逃げ出した。

創太　〈あれはランポロだよ。精霊だからどこにでも来るんだ。今日は相生山で生態系についてたくさんのことを学ばせてもらった。相生山のヒメボタルたちが守れるなら、きっと小金井のハケも救えるんじゃないかな。ねえランポロ。名古屋の環境保護派の市民みたいにあきらめちゃいけないんだね〉

終　章

第1節　日米主婦たちの市民革命

（神谷家リビング）

父　長く新聞記者やってきたけど、36号線の女性パワーのすごさには驚かされた。

最近でも二〇一一年三月の福島原発事故で、女性たちが各地で立ち上がった運動も取材したけれど、命のリレーを担ってきた母性の底力に圧倒された。使い捨ての略奪的（predatory）な「おっさん」とは視点が違うと痛感させられた。

グローバル経済で起こっている「重厚長大原（原子力）」型産業から「短小軽薄知（知価革命）」型産業への転換が「おっさん」に実現できないなら、女性達が「生活の質」の向上に向けた台風の目になるしかない。

そういえば、ニューヨークの都市再開発で、大規模開発に待ったをかけたのも、最初に紹介したジェーン・ジェイコブスという主婦だった。彼女は雑誌記者だったが、正規の大学教育は受けていないし、建築や都市計画を体系的に学んだことはない人だ。でも生活者として、街の現実・人の動きなどを鋭く観察していたんだね。彼女を有名にした道路計画阻止事件が幾つかある。なかでもニューヨーク市のマンハッタン島でのローワーマンハッタン・エクスプレスという高速道路計画をめぐり、「都市計画の帝王」（マスター・ビルダー）とよばれたロバート・モーゼスとジェイコブスが、激しく争った事件が有名だ。

最終的にジェイコブスら反対派が勝利し、計画は断念されたんだ。これ以降、全米の道路計画で住民による異議申し立てが続発、ＰＩが導入されたきっかけにもなったとされる。

母　同じころ東京では36道路運動があったわけね。日米の道路紛争で、普通の女性らが役人や都市計画の専門家らと対等に渡り合い、戦ったという非常に似た歴史があったんだね。

父　草の根民主主義には国境は関係ないのかな。古代ギリシャでは政治参加が許されなかった女性達が主役に躍り出たのも感慨深い。もちろん、彼女らの偶像化は逆効果を生み出す恐れがあるのだけどね。そしてニューヨークではローワーマンハッタン・エクスプレス高速道路計画が断念されたお陰で、ソーホーの古い建物の街区と街並みが保全された。

望　ソーホーってあのアートの雰囲気いっぱいの芸術村ね。覚えている。ジェイコブスさん達の運動がなければ、いまごろあの街並みはなかったわけね、知らなかった。美術大学生になったらもう一度、ソーホーに行きたい。生きていくには便利さも必要だけど、人間には芸術・文化も必要よ。

母　あら美大進学なんて初めて聞いたわ。ジェイコブスさんや主婦が、乳母車を押して都市計画の説明会場に押しかけ抗議している写真や映像を観ると、何か36号線の平尾さん達と重なるようね。ほら小金井市でも赤ちゃん連れのお母さん達がたくさん集会に来ていたわね。女性の生活者目線というのが日本社会や時代遅れの東京都政を変える爆発的な力を秘めている気がしてきたわ。私も頑張らないと。

第2節　市民による統御

創太　平尾さんやジェイコブスさんたちって、そんなにすごいオバサン達だったんだ。

父　日本でも、環境問題で持ち出されるオーフス条約の批准が必要と主張する人がいるね。開発で住民の意見を反映させることを目指した最新の条約でね、批准は当然すべきだ。でもやっぱりね、**日本の現実から生み出された内発的な考えではないという点が弱さを感じる。市民が現実から苦しみぬいて、考え抜き、鍛えられた思想でないと世の中を変える役には立たない。**だから身近な道路問題を通じて草の根民主主義が根付く重要性を感じているんだ。

パパは二〇〇八年の金融危機「リーマン・ショック」の後、ニューヨークで格差是正を求めるオキュパイ運動（ウォール街を占拠せよ）が起きた時、目にした絵が忘れられないんだ。それは、一人のバレリーナと思われる若い女性が、ウォール街（米金融街）のシンボルであるブル（強気市場の象徴である牛）の銅像の背中の上で、ターンをしているものなんだ。リーマン・ショックをきっかけにオキュパイ運動が起きた。金融が圧倒的に有利な現代社会を市民がコントロールしなければということを象徴しているように思えたからなんだ。

米国の民主主義は偽善だという冷めた見方もあるけれど、下からの草の根民主主義が脈々と息づいていると思う。トランプ大統領の出現や金権選挙もあり矛盾に満ちているんだけどね。トランプ大統領の政策がおかしければ、違憲訴訟が次々に起こるよね。

問題は公共事業でも、道路問題でも同じで、「市民が行政を統御する」必要性があるということが、民主主義社会では避けて通れないことなんだと思う。日本の行政・司法はあまりに遅れている。

特に、都政でも、市民と行政が対等に対話して、公共性を紡ぐこと、そうした政治スタイルが非常に重要だと思うんだ。名古屋だってかなりのことができたじゃないか。美濃部時代に「失敗した」と簡単に決めつけるのは公平ではない気がする。都民参加の方向性自体は間違っていない。

古代ローマの民主主義も、決して平たんな道のりではなかった。ペリクレス以降、「不知の自覚」を主張する哲学者ソクラテスを、無実の罪で市民が死刑にしてしまった悲劇もあった。現代民主主義でも、ナチスドイツや日本の軍部などによるファシズム運動の跋扈《ばっこ》など多くの悲劇を生んだ。民主主義は万能薬（ｐａｎａｃｅａ）ではないけれど、二十一世紀に民主主義以外の統治方法はないんだから。

オキュパイ運動の絵

第4節　不死身の「道路怪獣」

母　報告ありがとう。でも少しワイン飲みすぎでは。
父　いやまだ話の続きがあるんだ。ちょっと怖い話だ。
創太　怖いって怪獣？
父　前に外環の報告したよね。
望　地下七〇メートルを掘るという工事ね。大深度法の工事ってもう始まっているの。
父　もうとっくに始まっているよ。近くの三鷹市と、練馬区の大泉では超大型のシールドマシーン（直径一六メートル）が稼動しているんだ。工事は、中日本高速道路株式会社、東日本高速道路株式会社が発注者。施行業者は大林、西松、戸田、佐藤、銭高、鹿島、前田、三井住友、鉄建、西武など。日本を代表する道路・ゼネコン集団だ。
母　テレビで名前を聞いたことがある有名な大会社ばかりね。
父　企業だけじゃないよ。もっと大きな組織が、外環とは別の道路計画を立てているらしい。
望　外環で終わりじゃないの。うそ。
父　日本の未来の都市計画・産業政策などを検討するＪＡＰＩＣ（日本プロジェクト産業協議会）という産官学の団体が、二〇一七年に外環と圏央道の間に『環状道路２・５』を作ることを提言したんだ。二〇二〇年のオリンピック以降の公共事業の減少を見据えて、次の巨大プロジェクトにしようという方針だろうかね。三兆円とも四兆円ともいわれるビッグプロジェクトだ。

創太　それじゃ、また巨大な道路怪獣が誕生するの。ちょっと怖い。日本の国は本当に大丈夫なの。また市民との話し合い抜きで決めるんじゃないよね。

父　実は、このＪＡＰＩＣというのは、一九七九年四月、鈴木俊一都知事誕生と、ほぼ同時に財界が中心となり社団法人として認可されたものなんだ。わずか一カ月後にＪＡＰＩＣは「東京湾再開発計画の考察」を発表。鈴木都政では、それを反映してか「東京臨海副都心開発」プロジェクトが推進され、大手ゼネコンや大企業、大手マスコミも開発利権にむらがったといわれている。しかし、バブル崩壊で採算が取れなくなり、都の財政を直撃。これが今日の築地市場の豊洲移転、築地再開発にも実はつながっていく壮大な迷走ドラマの幕開けだったんだ。もうほとんどの人は忘れているだろうけどね。公共事業をめぐる情報と経験が市民に共有されていない気がするよ。

　さらに怖いのは、都市計画や再開発の原案を作っているのは、実は役人ではなく、資金力と人材の豊富なゼネコンやデベロッパーで、自治体はその追認で精一杯というお寒い状況だと証言する役人ＯＢも居るくらいだ。ゼネコンは人材も資金も豊富で目先が利く。また役人は天下り先でお世話になるからゼネコンなど大手企業となれ合いという見方もある。

　市民との対話なしに企業連合が絵を描いて、行政が追認、司法も追認。なんとも言えないねこの仕組み。このまま続けていていいのか。ただ雇用や景気対策にも関係するからね。

母　古代ギリシャとは大違いね。人類は進歩していないのか、だからこそ本格的なＰＩの立法化が必要ってことね。

父　そうありたいもんだ。今回は道路問題を通して、平尾さん達女性の思想と行動から、日本の草の根民主主義の可能性について教えられたというのがパパの感想かな。日本にも農村では作付けや共同作業を話し合って決める『車座の民主主義』という伝統があったんだ。平尾さんたち女性は車座の民主主義を実践したという気がしていた（二〇五頁写真）。とにかく女性は偉大だ。ママ、ワインをもう少し頂いてもいいかな。

ママ　やっぱり二十一世紀は女性が主役ね。パパ、報告ご苦労様でした。私も選挙に行くだけでなく、身近な政治に関心を持たなくてはいけないわね。私も一杯いただくわ。

（注：ＪＡＰＩＣは財界の悲願である東京湾横断道路など大型プロジェクトを次々にぶち上げ、国がそれを追認する手法を長くとってきた。大型公共事業の「チャンピオン」といっても過言ではない。圏央道や外環道路、東京湾横断道路など首都圏の大型道路には必ずといってよいほどＪＡＰＩＣが関係している。ＪＡＰＩＣそのものの分析や問題点の摘出については今後の取材課題とする）。

◇さようならハケ仙人

（その夜、創太の枕元にハケ仙人が現れた）

ハケ仙人　創太。パパは、頑張って報告してくれたようじゃな。

創太　パパは、ママや僕たち小中学生にも分かり易いように色々努力してくれたんだ。ちょっと難しかったけど、道路と民主主義の関係が少しずつ分かってきた気がする。「道路怪獣」に立ち向かうには、僕も政治とか経済とか、社会の仕組みを知らないといけないんだって。何せ「道路怪獣」は日本最強だから。

ハケ仙人　大人は欲にまみれて目の前の事しか見えないが、創太のような子は「心の眼」で小さきものや本当に大切なことが見えるんじゃや。お前たち未来の主権者に期待しているぞ。

創太　夏休みにはハケでオオタカや昆虫を観察するよ。僕が大人になったら、子どもたちのためにこの大事な自然を残してあげたい。名古屋市民はヒメボタルを守ったんだからね。決して夢じゃないよね。僕たちも頑張って「ハケと民主主義」の物語を作らないといけない。これは僕たちの民主主義の闘いなんだから、あきらめないよ。

（ランポロが創太の肩に乗った）。

ハケ仙人　ハ、ハ、ハ、ランポロと友達になれたようじゃな。創太もずいぶん成長したな。もう任せても大丈夫じゃな。ハケの「聖地」がなくなればわしもランポロたちも消える運命じゃ。みんなで知恵を出し合って最後のハケを守っておくれ。ランポロや、そろそろねぐらに戻るとするか。

僕は「待って、おじいさん」と言おうとしたが、ハケ仙人は笑みを浮かべ、ランポロと光に包まれ姿を消した。ランポロの哀しげな鳴き声が僕の耳の奥にいつまでも木霊した。（完）

おわりに

◇「日本の民主主義は形式だけでいい」？

最近、封切られたばかりの映画「新聞記者」を観た。心に傷を負った社会部記者（女性）と、「政権の安定のために」を錦の旗に、公務として配下の若手公務員を使ってSNSでリベラルつぶしに世論を誘導（ネット右翼の人も対象か）し、原発反対や秘密保護法批判などのデモもなかったことにしようとする「悪役」官僚との攻防劇を楽しんだ。

映画の最後の方で、この「悪役」官僚が言い放った言葉に驚かされた。「この国の民主主義は形式だけでいい」。裏では「俺たち官僚が仕切る」ということか。「オカミ」支配の本音ズバリの台詞で、背筋が冷たくなった。映画の帰り際に、隣にいた中年カップルの一人が「結局、権力者って変わらないんだね」とパートナーにつぶやいたのが一層印象的だった。

◇根腐れ病の日本の民主主義

戦後、日本では国民が選挙で政治をコントロールしているという「神話」があった。しかしその「神話」は足元から崩れつつあるように見える。

「民主主義の学校」とされる地方政治で近年、目立って問題が噴出している。テレビのワイドショーなどで取り上げる「おバカな議員・首長」現象だ。市議や、県議の政務調査費の不正受給、首長らのセクハラ・パワハラ事件などはその典型で、政治への信頼感は深刻な状況にある。

もう一つは、「正統性」危機現象だ。首長選挙の投票率の低さは全国的な傾向だ。首長選挙は、投票率がどんどん低下し、今や3割台で、その過半数、つまり全体の一五％前後で「首長」が選出されるようになった。本当にこれで民意を反映して選ばれた首長なのか、「正統性が疑わしい」という状況を迎えている。

首都圏のベッドタウンである市川市では最近、市長選挙で多数の立候補に低投票率が重なり、当選者が決まらず、二度の選挙となった。高知県の山間部の過疎地では、村会議員のなり手がなく、議会の廃止が問題となったことは記憶に新しい。

一方、中央政治の場でも「魔の3回生」や閣僚らのあいつぐ失言・暴言、スキャンダルで政治への不信は頂点にある。もはや政治家は「一番なりたくない職業」だ。

これまでは一過性の事件としてしか取り上げられてこなかったが、連続する一連の現象として観ると、日本の民主主義システムが「根腐れ病」のように機能不全を起こしていると言えるのではないか。

◇主流派政治学の陥穽《かんせい》

少し理論的に見てみよう。現代政治学では、複数の政治エリート集団（政党）が政策で競争し、有権者は投票を通じて集団を選択するだけでいいという考え方（間接民主主義）が主流だ。半面、市民運動など直接参加民主主義は、せいぜい「補完的機能」があるという位置付けしかされてこなかった。

「エリート選択」理論の背景には、ファシズム台頭による大衆動員運動の熱狂など苦い歴史的経験から、「エリートの選択」が一番穏当だとされたことがある（Jシュンペーター「資本主義・社会主義・民主主義」、ペイトマン「参加民主主義」など参照）。

しかし輸入された「エリート」理論は、現在、「機能不全に陥っている」といわざるをえないのではないか。理由は

(1) エリート集団間の選択が事実上ない：小選挙区比例代表制の採用の結果、一度は政権が交替したものの不調で、その後「一党独裁」あるいは「ガリバー型の寡占支配」にちかい異常な現実が続いている。

(2) 政党システムの多党化・弱体化：一九六〇年代後半から指摘されてきたが、いまや支持政党なしの「無党派層」が六〇％以上で最大。このためメディア頼みの空中戦、劇場型選挙が中心となっている。

(3) 有権者が投票に行かない：地方政治の惨状は既にみたとおり。

(4) 情報空間の分裂：新聞を読むシニア世代と、SNS中心の若者では情報や意味空間が異なる。別の国に住んでいるようで必要な情報が共有されにくい。

の事態が生じ、理論の前提条件が崩れていると思われる。

さらに、国民に二大政党制（政権交代の意味）が肌で理解できない。これは大半の有権者が投票

行為以外の経験がなく、身近な直接民主主義の経験もないことが主因だ。官僚たちも、先進国の民主主義の経験は一部の海外駐在・留学組を除きほとんどないはずだ。大半の国民は「抽象的民主主義」しか知らないのだ。加えて、少子高齢化を背景としたシニアと若者の世代間確執、経済格差の拡大という惨憺たる現状がある。格差や分断が激しい社会経済では、討議による民主主義は機能しにくい。議会制民主主義が国民にとって「空虚な存在」になりつつある。

筆者も長らく「エリート」理論を妥当だと考えてきたが、最近の日本の現状を観て民主主義の先行きに危うさを感じている。

グローバル競争の二十一世紀を日本丸が勝ち抜くためには、民意をきちんと反映するため民主主義を再活性化し、社会経済システムを柔軟に転換させる必要性を感じる。先進国で日本だけ労働分配率が低下する異常な状態、公共事業（道路）頼みは、システム全体にとって脅威だ。

政治学者は実証的な現状分析だけではなく、規範分析（何をすべきか）で、格差の是正や選挙制度の変更、直接民主主義の活用などで処方箋を提示すべきだ（例えば、オーストラリアでは、投票しない人には罰金が科される「義務投票制」が導入されている＝投票率九〇％超）。

メディアも二大政党制の実態や歴史、草の根民主主義をもっと報道すべきではないか（大正デモクラシーの「悲劇」が想起される。『戦前日本のポピュリズム』筒井清忠、中公新書）。

◇直接参加で再活性化

草の根と地方、中央の政治は一体であり、連動している。人体で日々、旧い細胞が新しいものと入れ替わり活性化しながら健康体を維持するように、民主主義も全体が活性化しないと衰弱する。今回取材を通じて、「補完的機能」とされた草の根レベルの民主主義を活性化させることが実は大事だと痛感させられた。直接民主主義の経験こそが、政治システム全体を再活性化させ、市民が下から政治・行政をコントロールするシステム変容につながると思う。政治的立場が右でも左でも関係はない。

最後に、本書ができるまで、多くの道路専門家・研究者、道路反対運動にかかわる人々、現役公務員とOB、地方政治家などに教えを請いました。深謝します。

また緑風出版の高須次郎社長やスタッフの方々に、拙い原稿でご苦労をおかけしました。感謝します。

二〇一九年七月一四日

参院選挙の最中に

筆者

（本書は、筆者がジャーナリストとして取材し、個人的見解として執筆したものであり、所属する機関とは一切関係ありません）

参考資料

【道路・公共事業】
『道路の上に緑地が出来た』道路公害反対運動全国連絡会議　文理閣
『くるま優先から人間優先の道路へ』道路公害反対運動全国連絡会議　文理閣
『くるま依存社会からの転換を』道路住民運動全国連絡会　文理閣
『道路をどうするか』五十嵐敬喜・小川明雄　岩波新書
『来るべき民主主義』國分巧一郎　幻冬舎新書
『沿線住民は眠れない』海渡雄一・筒井哲郎　緑風出版
『政治が歪める公共事業　小沢一郎ゼネコン政治の構造』横田一　緑風出版
『公共事業と市民参加』江崎美枝子＋喜多見ポンポコ会議　学芸出版社
『絶望の裁判所』瀬木比呂志　講談社現代新書
『ニッポンの裁判』瀬木比呂志　講談社現代新書
『法服の王国　小説裁判官』上下　黒木亮　岩波現代文庫
「公共特集」月刊『思想』二〇一九年三月、四月号
『ドキュメント　東京外環道の真実　住宅の真下に巨大トンネルはいらない』丸山重威　あけび書房

【民主主義】
『民主制の諸類系』Dヘルド著・中谷義和訳　御茶の水書房
『参加と民主主義理論』Cペイトマン著・寄本勝美訳　早稲田大学出版部
『市民の政治学』篠原一　岩波新書

（注：討議型民主主義＝プラヌンクスチェレ＝の方法についてはネットで多数の文献、実例が紹介されている）
『市民参加と合意形成』原科幸彦編　学芸出版社
『市民自治の憲法理論』松下圭一　岩波新書

【美濃部都政】
『都知事12年』美濃部亮吉　朝日新聞
『革新都政史論』有働正治　新日本出版社
『美濃部都政12年　政策室長のメモ』太田久行　毎日新聞
『美濃部都政の素顔』内藤国夫　講談社
『僕は裏方』横田政次　ぎょうせい

【JAPIC】
『臨海副都心開発』岡部裕三　あけび書房
『破綻　臨海副都心開発』岡部裕三　あけび書房
『JAPICの野望─民活版列島改造の行方』新日本出版

【ジェイン・ジェイコブス】
『ジェイコブス対モーゼス』アンソニー・フリント著・渡邉泰彦訳　鹿島出版
『アメリカ　大都市の死と生』ジェイン・ジェーコブス著・山形浩生訳　鹿島出版会
『発展する地域　衰退する地域』ジェイン・ジェイコブス著・中村達也訳　ちくま学芸文庫
『ジェイン・ジェーコブスの世界』別冊　環22　藤原書店
映画「ジェイン・ジェイコブス　ニューヨーク都市計画革命」
（ネットでJane Jacobsで検索すれば多数の英文の資料を入手・閲覧できる）

［著者略歴］

山本俊明（やまもと　としあき）ジャーナリスト
1955年生まれ　早稲田大学政治経済学部政治学科卒
時事通信社記者　シドニー特派員、ニューヨーク特派員、編集委員など歴任。専門は国際経済。現在　時事総合研究所客員研究員。

論文を月刊誌「世界」に掲載、「福島の子どもたち〈甲状腺がん論争〉の行方」、「ルポ・福島〈鮫川村騒動〉放射能と民主主義」、「中間貯蔵施設と帰還幻想　続放射能と民主主義」

「不平等を縮小させるには」ロバート・ライシュ翻訳、「世界経済は〈長期停滞〉から脱出できるか」ローレンス・サマーズ翻訳（解説「長期停滞論」と「新しい経済思考」）、「トランプはいかに米経済に〈核攻撃〉を加えうるのか」Ｊスティグリッツ翻訳（解説「嵐の前（？）の世界経済－トランプの経済観の意味するもの」）、など。

専門誌「金融財政」などに「人間の顔をしたグローバリゼーション」「金融危機の過去・現在・未来」など。

僕《ぼく》の街《まち》に「道路怪獣《どうろかいじゅう》」が来《き》た
――現代の道路戦争――

2019年10月10日　初版第1刷発行　　定価2200円＋税

著　者　山本俊明 ©
発行者　高須次郎
発行所　緑風出版
〒113-0033　東京都文京区本郷2-17-5　ツイン壱岐坂
［電話］03-3812-9420　［FAX］03-3812-7262［郵便振替］00100-9-30776
［E-mail］info@ryokufu.com［URL］http://www.ryokufu.com/

装　幀　斎藤あかね　　カバーイラスト　佐藤和宏
制　作　R 企 画　　印　刷　中央精版印刷・巣鴨美術印刷
製　本　中央精版印刷　　用　紙　中央精版印刷・大宝紙業　　E1200

ISBN978-4-8461-1917-1　C0036